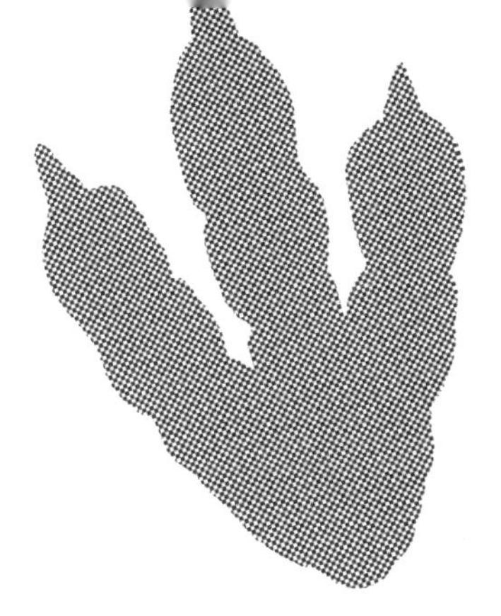

FXCULTURE 风炫

恐龙庇护所

DINOSAURS SANCTUARY

1

[日] 木下到 著

[日] 藤原慎一 监修

马大起 译

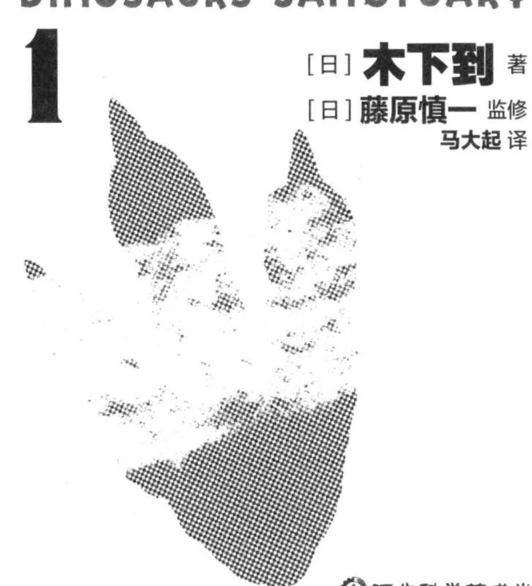

河北科学技术出版社

·石家庄·

目　录
CONTENTS

恐龙，

无论在哪个时代，都令人类深深着迷。
嗒嗒嗒……
这边！这边！

早在太古之初的地球……
爸爸，快看快看！
好厉害啊！是恐龙蛋的化石。

等我长大了，

第1话 撒娇鬼小雪

欢迎花子！
要当恐龙饲养员！

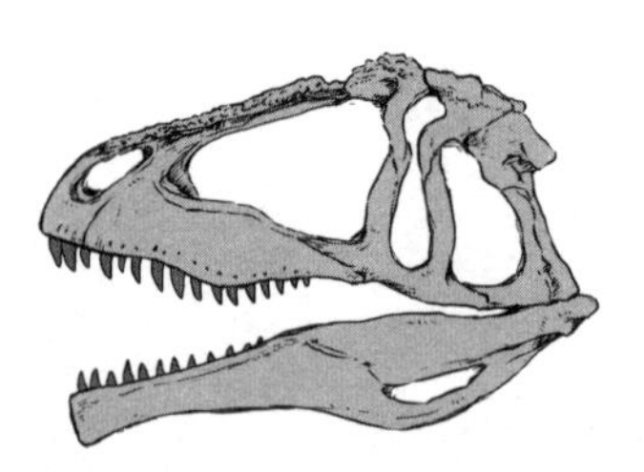

DINOSAURS SANCTUARY

恐 龙 庇 护 所

吱吱吱……

等等，
钟，

是不是停了？
现在是早上八点，各位观众朋友们，早上好。

哎呀，糟了糟了，手机去哪了！
曾经有一段时间，我们以为恐龙已经灭绝。
令和3年
2021
JUL
7
周一
周二
周三
周四
周五
周六
27
28
29
30
1
2
3

慌慌
然而1946年，人们首次登上了巴拉干岛，在岛上发现了活着的恐龙。
News 365
恐龙的未来值得深思
市恐龙园正式闭园
此后，通过人工繁育，恐龙得以重现于世。
完蛋了，手机没电了！
张张

1987年，须磨一郎博士通过基因编辑技术成功复活了已灭绝的其他种类的恐龙，点燃了人们对恐龙的热情。
当时恐龙真的非常受欢迎呢。
很遗憾，
最近还有无情的言论，说恐龙已经是过时的东西了。
是啊。但自2006年的死亡事故发生之后，恐龙热潮就消退了。
市恐龙园正式闭园

哎呀，不是吧。
第一天上班就遇到这种事？
那我走啦，
爸爸。

啪嗒

嘟噜噜噜……
咕——
唉，应该再多带一个面包的。

知了——
知了——

沙沙
ようこそ江の島ディノランドへ
※ 欢迎来到江之岛恐龙园
沙沙

沙丁鱼盖饭
氷
※ 刨冰
富士子茶屋
沙沙
沙沙

啪嗷

知了——
啪嗷
知了——
沙沙
沙沙

咦，新人是今天到岗对吧？
知了——
没错哦。
知了——
江之岛恐龙园
饲养员事务所

话说回来，园长！
我们真的还有闲钱雇佣新人吗？
没有吧，只是在浪费经费。

这个嘛，你们说得没错……
但我们也确实是人手不足。

比起这些，
也该给恐龙舍安个新空调了吧？

推
门
现在这台太旧了，随时都可能坏掉。

抱歉哦。
打开
我联系人了，还在等回复呢。

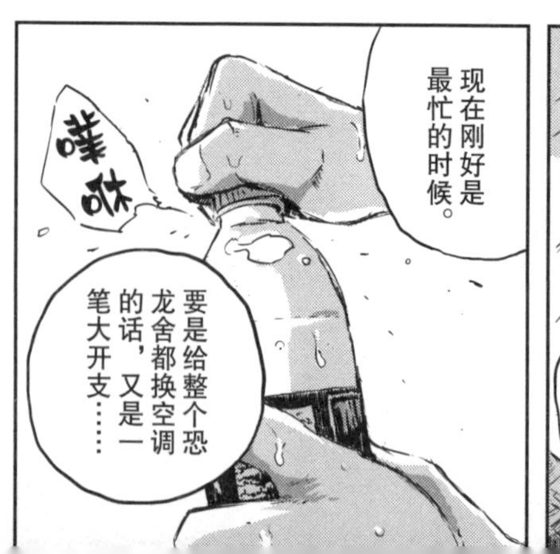
现在刚好是最忙的时候。
噗咻
要是给整个恐龙舍都换空调的话，又是一笔大开支……

上周你也是这么说的。
花梨，我们该走了。

哎，我们也挺为难的。
要是能多些预算一切都好说。
……

马上就是暑假了，
却还是这种状况。

海堂，你要是有意见的话就去和总公司说吧。
是他们抠门克扣我们经费的。

可是，亚美，
就算经费有限，做好经费的规划也是会计的职责吧？
什么啊？我们能做的也有限啊。

今天参加喂食活动的是幼儿园小朋友，对吧？
是啊。
是樱花幼儿园的孩子们。

一上来就让新人负责这样的工作，
真的没问题吗？

差不多她也该到了……

至少她能帮忙照看下孩子吧。
咚

那我们去准备了。
新人到了的话，让她来我们这边。

哗啦哗啦

嗡嗡嗡
投喂动物屠体，
是指捕杀毁坏农田的野鹿、野猪后，
将其作为食物投喂给肉食恐龙。

这些动物被捕杀后，约有九成会被直接丢弃。
我们这么做，能让这些生命不被白白浪费。
哇
哇

这人还真是老样子，一张扑克脸，讲话也那么无聊。
接下来，我们要向恐龙投喂这只鹿。

让我们先欢迎今天的主角——小雪闪亮登场！
大家请看前方的恐龙舍。

轰轰……

恐龙要出来了！
在哪里？

ズシャ
※啪

咕噜噜噜……
南方巨兽龙
（兽脚类恐龙）
全长 13 米　体重 6—8 吨

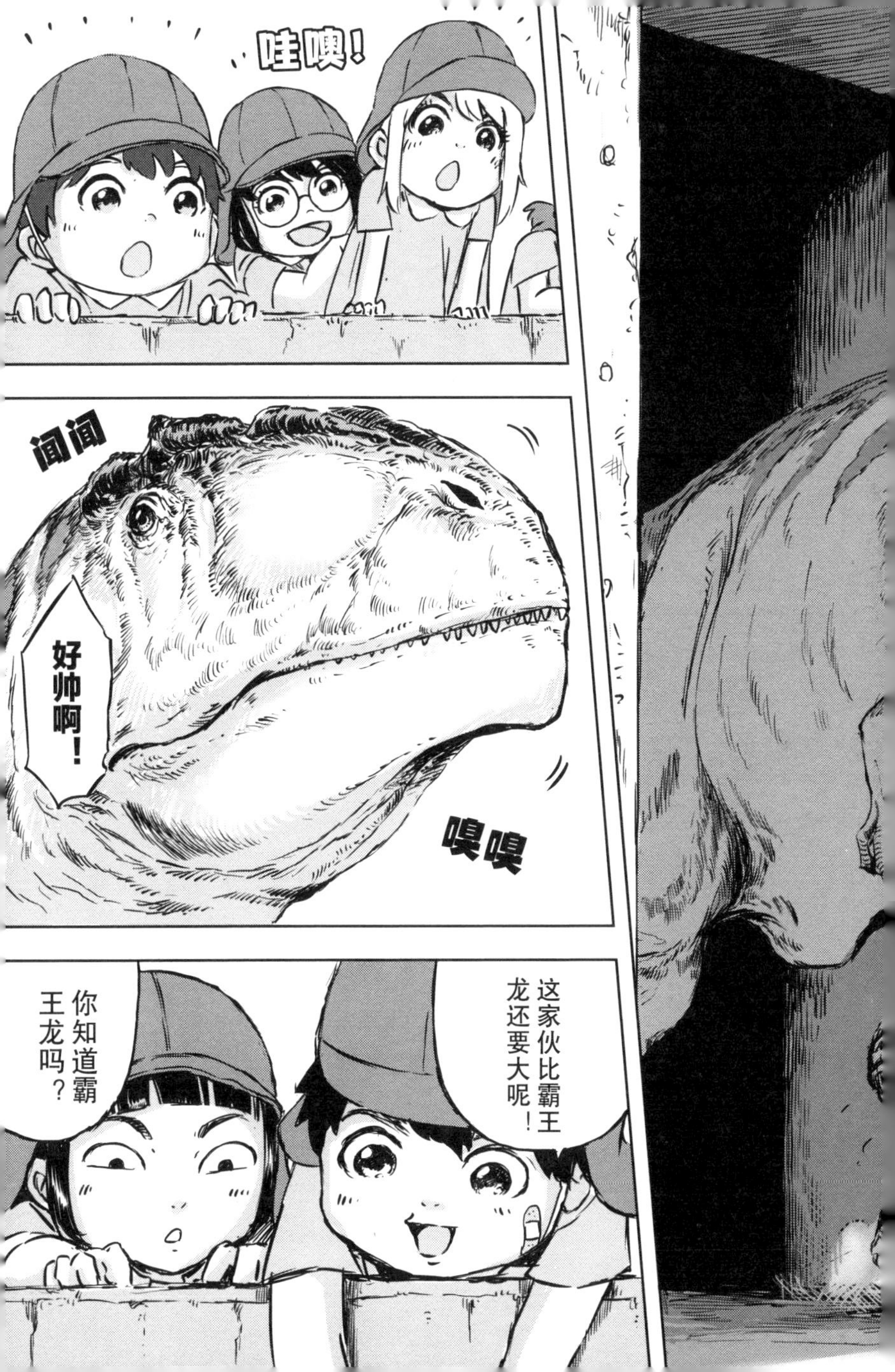

哇噢！
闻闻
好帅啊！
嗅嗅
这家伙比霸王龙还要大呢！
你知道霸王龙吗？

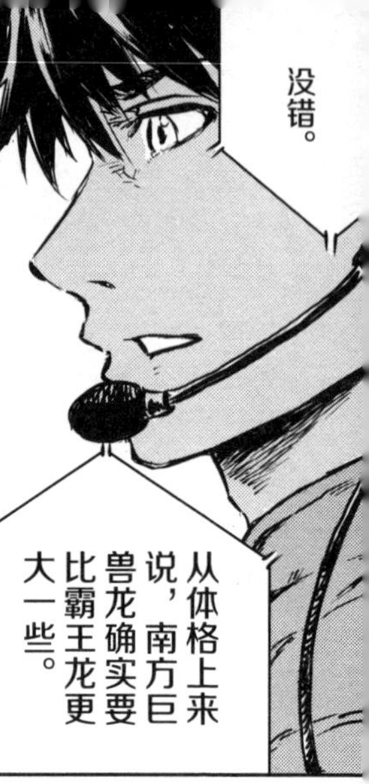
没错。
从体格上来说，南方巨兽龙确实要比霸王龙更大一些。

但是它们的体型不太一样。南方巨兽龙要比霸王龙扁长很多。

真的耶，扁扁的。
完全不一样呢！

这种头骨的厚度和它们的咬合力，
也就是咀嚼食物时的力度，有着很大的关联。
闻
闻

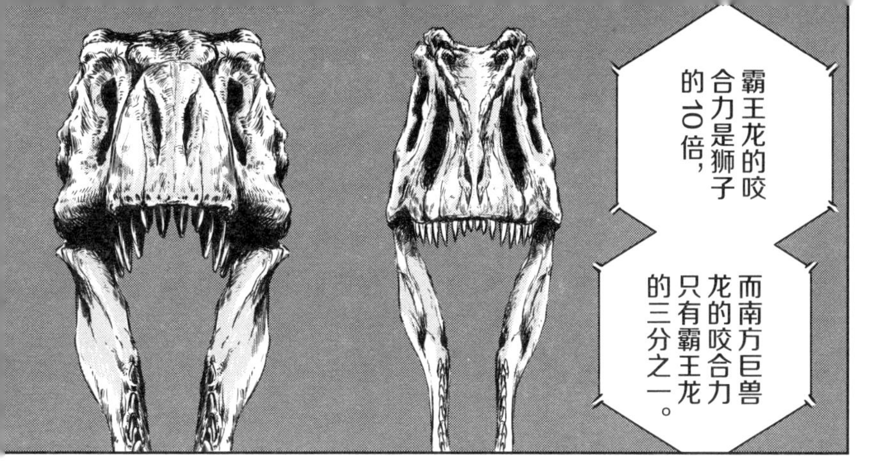
霸王龙的咬合力是狮子的10倍，
而南方巨兽龙的咬合力只有霸王龙的三分之一。

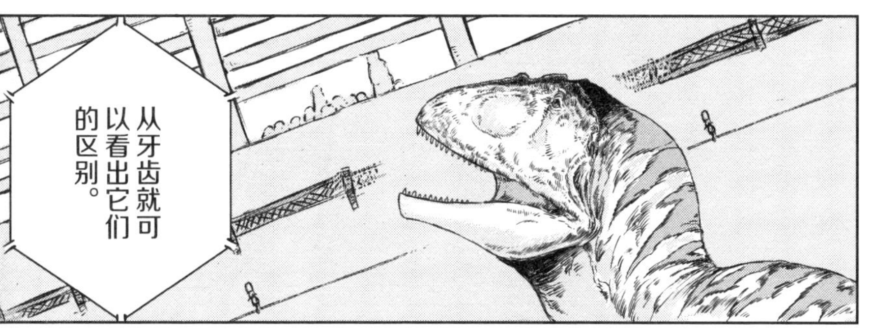
从牙齿就可以看出它们的区别。

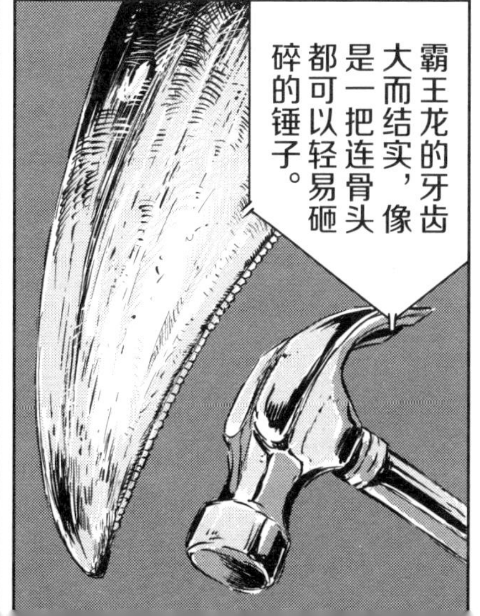
霸王龙的牙齿大而结实，像是一把连骨头都可以轻易砸碎的锤子。

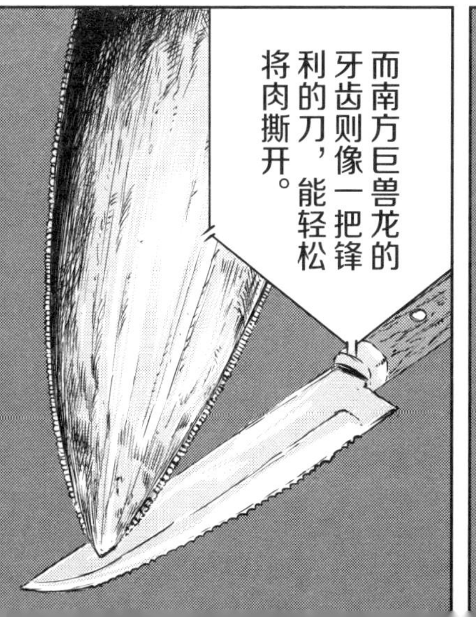
而南方巨兽龙的牙齿则像一把锋利的刀，能轻松将肉撕开。

……
刀……

うわあああ
※哇啊啊啊啊
吵死啦！
老师！爱菜她哭了！
等一下哦，若奈，没事的。
呜呜呜呜
为什么？
呜哇哇哇

……

呜
哇
哇
哇
哇
……
偷瞄
不行不行，我最不擅长应付小孩子了，你快点想想办法啊！
摆手
摆手

就算你这么说，我也不知道该怎么办啊……
慌张
慌张
喂——小朋友，别害怕哦。
恐龙不会过来的！
呜哇哇哇哇！
好可怕啊！

哒哒哒……

不怕不怕，
宝贝不怕哦！
抱
住

不过，爱菜其实不讨厌恐龙吧？
嗯？

对了，爱菜，你看那是什么？
啾
啾

是小麻雀？
没错！是小麻雀。
?

其实小麻雀也是恐龙哦。
真的吗？

恐龙演化成了许多动物，鸟就是其中之一。
麻雀其实也是恐龙的同类。

你骗人！

我也算是个恐龙迷了，
我可从没听说过这些！

恐龙，
都是很大很强壮的！

就连那只鹿，
肯定也能像这样一口吃掉！
哇！
拍

呵呵，你这小子，
对恐龙的爱可真是不一般啊。
点头
点头

但事实究竟如何呢？
笑

那就拜托您了！

啥？

噗

不好意思啦！

要开始了哦！
喂！

眯眼
竖起

咯吱

嗡
嗡
嗡

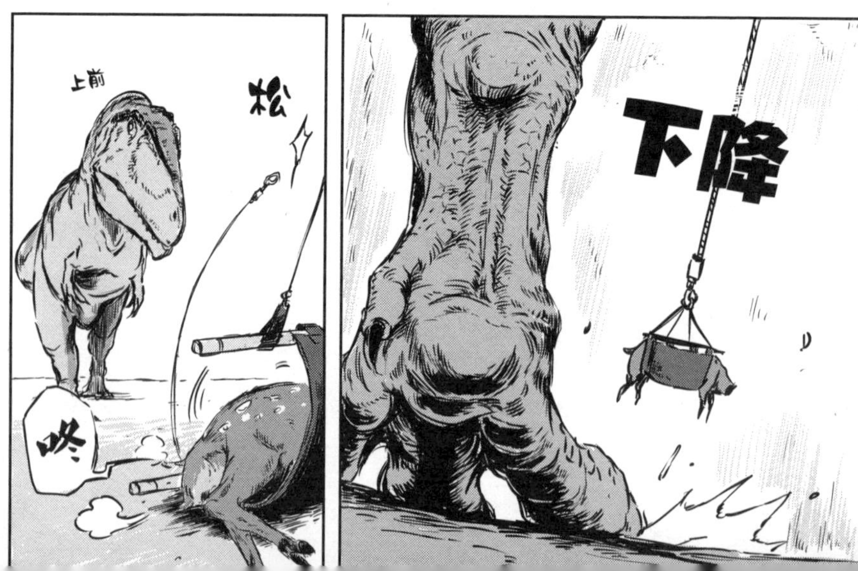
上前
松
咚
下降

来了。

闻闻
嗅嗅

张大嘴
呀！

翻

咦？
它怎么不吃啊！

其实小雪是个警惕性很强的孩子。

我们平时只喂它没有毛和骨头的肉，吃起来很方便。
犹豫
犹豫
所以它现在有些困惑，不知道该如何下口。

不过，这也正是动物居体投喂的重要作用。

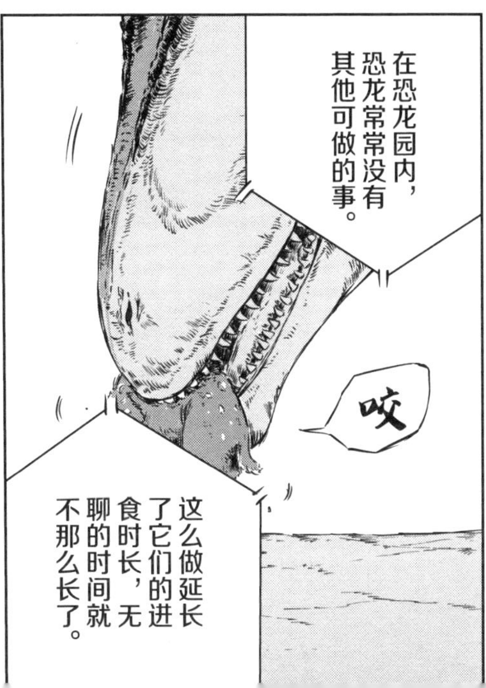
在恐龙园内，恐龙常常没有其他可做的事。
咬
这么做延长了它们的进食时长，无聊的时间就不那么长了。

同时也可以帮助它们找回一些觅食时的天性。

太逊了！
和我想的完全不一样。
恐龙这种生物，
虽然身躯庞大，

但它们也会警惕，会害怕，
甚至会生病，会受伤。

它们和我们一样，
是活生生的生物哦。

知道这些后怎么样？还怕吗？
嗯——不怕了！
欸？你真的不怕了？
小声
真可爱啊。

……
真的啦！

沙沙
沙沙
从今往后还请大家多多关照了。
鞠躬
我是须磨雀。

对不起，我刚才擅作主张了。
一谈到恐龙，我就容易上头……
我会深刻反省的。

没事没事，你反而帮大忙了。

不能以结果论好坏。

在这里工作，可是处处充满危险的。

就算是在举办这种对外活动，
随意行动也会给其他人造成困扰。

算了，就这样吧。接下来是例行工作。
快去换衣服。
转身

不必在意，海棠他就是那种性格。
真的很抱歉。
我是花梨，请多关照啦。

我们这里是国内最小的恐龙园。

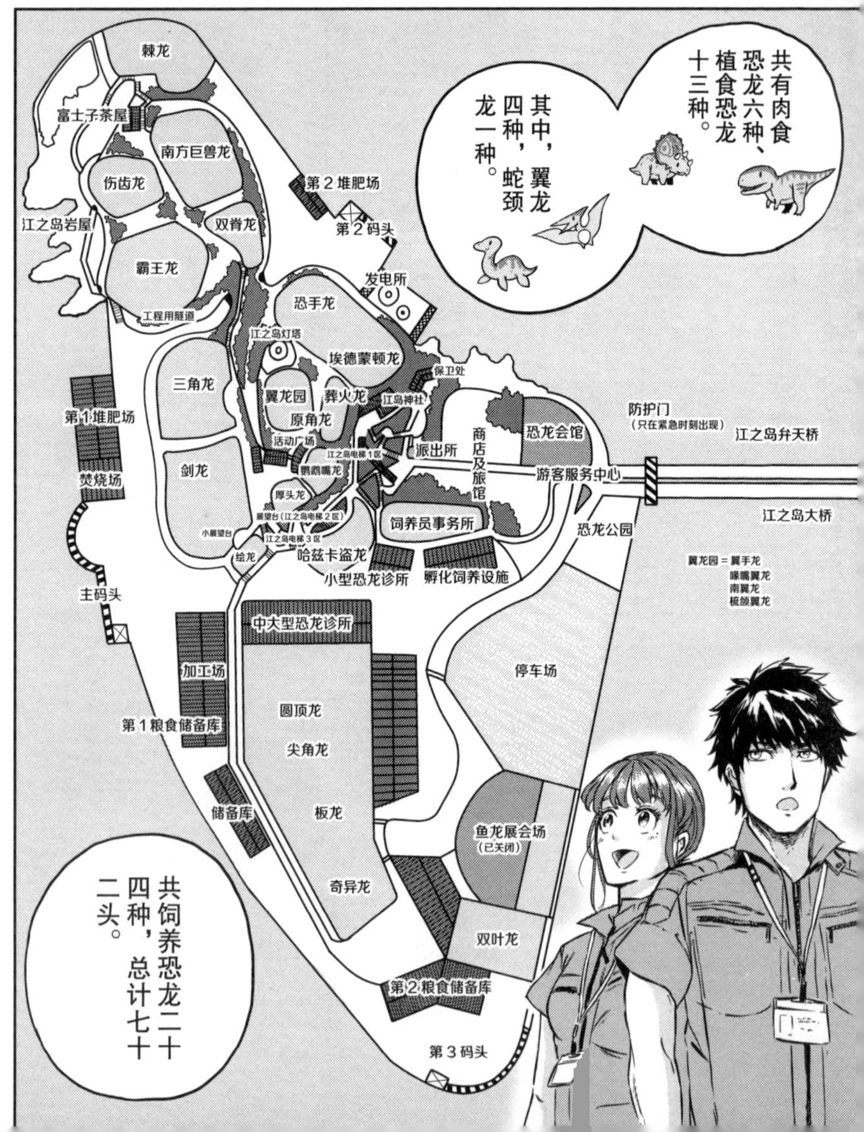
共有肉食恐龙六种、植食恐龙十三种。
其中，翼龙四种，蛇颈龙一种。
共饲养恐龙二十四种，总计七十二头。
棘龙
富士子茶屋
南方巨兽龙
伤齿龙
第2堆肥场
第2码头
江之岛岩屋
双脊龙
霸王龙
发电所
恐手龙
工程用隧道
江之岛灯塔
埃德蒙顿龙
保卫处
三角龙
翼龙园
葬火龙
江岛神社
第1堆肥场
原角龙
活动广场
防护门
(只在紧急时刻出现)
江之岛弁天桥
商店及旅馆
恐龙会馆
江之岛电梯1区
派出所
剑龙
鹦鹉嘴龙
游客服务中心
焚烧场
厚头龙
展望台（江之岛电梯2区）
饲养员事务所
江之岛大桥
小展望台
恐龙公园
江之岛电梯3区
绘龙
哈兹卡盗龙
翼龙园＝翼手龙
喙嘴翼龙
南翼龙
梳颌翼龙
主码头
小型恐龙诊所
孵化饲养设施
中大型恐龙诊所
加工场
停车场
圆顶龙
第1粮食储备库
尖角龙
储备库
板龙
鱼龙展会场
(已关闭)
奇异龙
双叶龙
第2粮食储备库
第3码头

大型恐龙的饲养用地周围，设有宽度、深度都超过十米的深沟。

滋滋滋……
如果饲养的是肉食恐龙，还会加设一万伏特的电击栅栏。

这栅栏……有些阻碍视线呢。

嗷
自那次事故以来，加设栅栏就变成了义务。

不过，这种对策完全没抓住重点啊。
嗯？

总之新来的人，要遵循惯例轮流照顾一遍所有种类的恐龙。

那么请问，海棠先生是负责哪一科的呢？
哔
哔
兽脚类

哇！是肉食恐龙！
那可是大明星呀！

你这轻松的表情还能保持多久呢……

好——

好重！
满满当当

等等！
怎么这么重啊？
喘
喘

处理粪便是饲养员的基本工作。
这点工作你都受不了的话，那可不好办啊。

恐龙舍太大了，出口又很远。
呃啊！
就没有起重机之类的吗？
颤抖
颤抖

没有。

哇！
倒地
好臭！
但是好幸福！

这些干草是用来给恐龙们当睡床的。
要好好把地铺满。
好的！

好！接下来还要去三间恐龙舍做同样的工作。
什么？好，好的。

也是啊，我完全没觉得累哦。
颤抖
喂喂，这才刚干了一半呢。
颤抖

飒飒……

小雪，
是个爱撒娇的孩子呢。

瞄

为什么这么想？

一看就知道了呀。

刚才它看着眼前的鹿时的模样也很明显。

它时不时就往海堂先生这边看呢。
就像孩子在向父母求助一样。
瞄……

而且它从我们进来开始，

就没有靠近过我这个新人。

而是一直待在
海堂先生这一
侧哦。

恐龙也很
黏人呢。
拉开……
不，这并不
是那么令人
惊奇的事。

南方巨兽龙嗅觉非常敏锐。
而且小雪从小就由我照顾，

它能记住我的气味，是很正常的。

不过也是，
她是我们从倒闭的恐龙园领养来的。
说不定恐龙确实，

有着人类般
的情感呢。

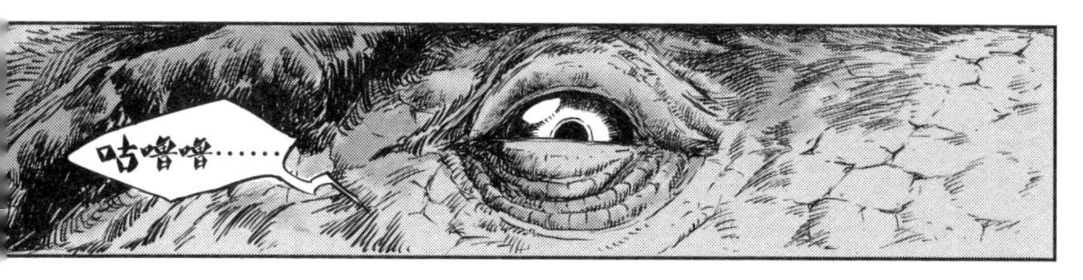
咕噜噜……

现在也一
样哦。

恐龙很强大，
恐龙很可怕，
世间对恐龙抱有的印象大抵如此。

可是没有一位游客知道，
噗
小雪其实是个撒娇鬼。

可真是急死我了。
伸
恐龙上了年纪，也会变得虚弱，和普通的生物一样。
我想让更多人了解它们普通而富有魅力的一面。
探头……
咕噜噜……
所以，我来到了这里。

我希望我可以，
消除自那次事故以来，

人们与恐龙拉开的距离。

这是我的梦想!

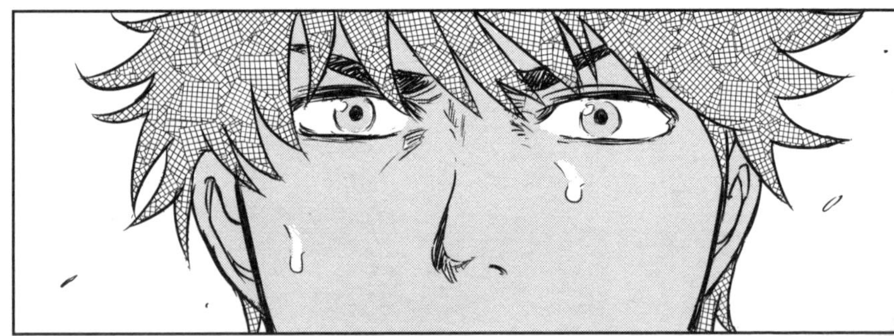

知了——
知了——
喂，园长。

今天来的这位新同事，
…

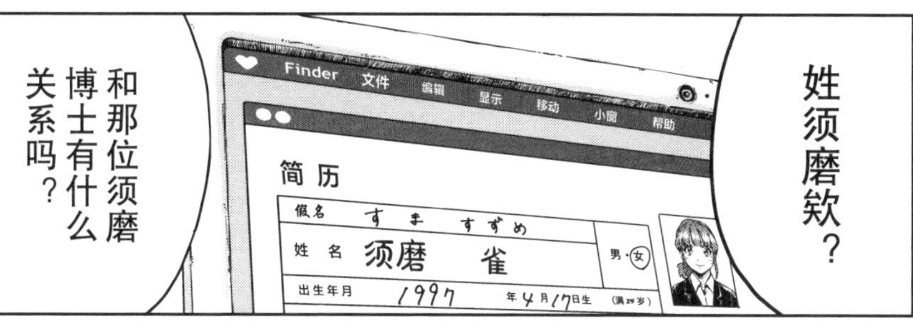
姓须磨欤？
Finder 文件 编辑 显示 移动 小窗 帮助
简历
假名 すま すずめ
姓名 须磨 雀
男·女
出生年月 1997 年4月17日生
和那位须磨博士有什么关系吗？

呃，这个啊。
算是吧……

敲键盘
噢。
敲键盘

哗啦啦啦……
是吗。

那还真是了不起的梦想啊。

但是我要提前跟你说明，

这里并没有你想象中那么轻松。
仅凭对恐龙的喜爱，

是没办法做好
这份工作的。
不要太天真了。

这、这些，
我当然
知道！
……

不，你不
知道。

你还什么都
不明白。
啪

档案 01

恐龙老师的恐龙实验室研究日记
探究恐龙“真实的模样”的人

你有没有想过要饲养恐龙呢？“它们会做些什么呢？”“它们会吃什么呢？”光是想想就已经很开心了吧。但世界上有一些人不仅仅满足于想象，他们会认真思考如何才能了解恐龙真实的模样。

大家好，我是藤原慎一。我在大学里研究已灭绝的生物，研究它们尚未灭绝时的模样与行为。

喜欢古代生物的人也分为很多种。有的人会想去挖掘化石，有的人喜欢想象古代生物存活时的模样。我从小就完全是后者。我虽然喜欢恐龙，但比起看化石，我更喜欢去动物园看活生生的动物，这也体现在了我的研究中。“它动起来时会是什么样子的呢？”我会从这个方面去进行研究。小时候的倾向与习惯，影响了自己对研究方向的选择。像我这样的研究者肯定不少吧。

大家知道怎样才能描绘出活着的恐龙吗？恐龙已经灭绝了，我们无法亲眼见到它们真实的模样。也就是说，没有“标准答案”。我们可以通过想象去描绘，但如果我们的描绘没有根据，这种描绘只会沦为“妄想”。因此，能否证明我们的描绘是合理的、让它具有说服力，这一点非常重要。

我们的研究目标就是尽可能找到这些“根据”，然后从许许多多的“根据”中找出最值得信服的那些，这样就能尽最大可能还原灭绝生物真实的模样。我们相信这样就能无限接近“正确答案”。追求“正确答案”、反复进行上述思考、给出自己的解答并与大家分享自己思考的过程、不断获得更有说服力的新发现，这就是“科学”的乐趣。

大家发现了吗，南方巨兽龙是以一种奇怪的坐姿入睡的。大型兽脚类恐龙腰带中的耻骨非常结实粗壮，一直延伸至膝盖左右。而它们的肋骨等骨头却非常脆弱。兽脚类恐龙坐在地面上时，不会将胸部或肋骨压在地面上，而是把耻骨当成椅子一样坐在上面。想必这样就能降低骨折的风险。实际上，从坐着的兽脚类恐龙的“足迹”化石中，也能发现它们借由耻骨和两只后腿坐在地面上的痕迹。

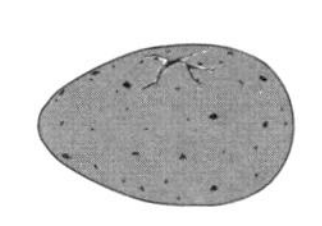

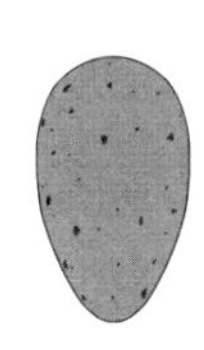

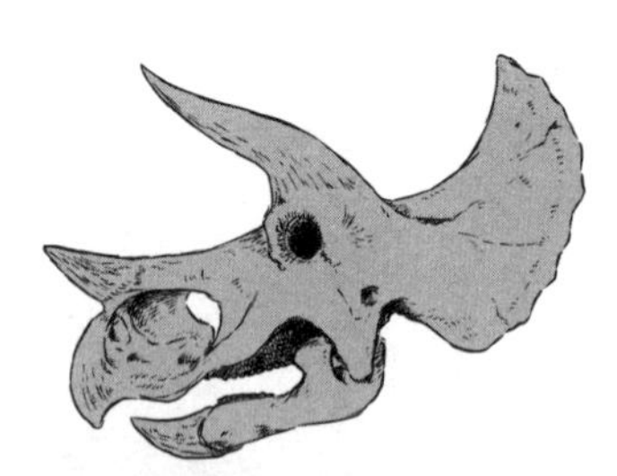

DINOSAURS SANCTUARY
恐 龙 庇 护 所

富士子茶屋
多谢款待。
呼，吃饱了，吃饱了。
噗
咚
好幸福。

请慢用。
咚

啊？
免费赠送的。天气太热了，多补充点水分吧。
真的可以吗？
当然了。反正也没什么客人来。
太棒了！谢谢。

这里以前可是很热闹的。
咀嚼
咀嚼

沙沙
现在变得很冷清了。
沙沙

怎么样？工作还顺利吗？
啊，顺利的！
虽然总是被骂。

对了！最近有小宝宝要出生了！阿姨你要来看看哦！
啪
宝宝？

是的！
尼可和维娜的宝宝！
啪

第2话 尼可，要当爸爸了

伤齿龙
英文名：Troodon
学名：Troodon formosus
分类：兽脚类　坚尾龙类　手盗龙类
分布：美洲大陆西北部
时代：白垩纪后期
沙沙
沙沙
快到时间了吧！

知了——
知了——
伤齿龙的孵化！
什么？
走

我每天都很期待呢！
兴
奋
好想快点见到啊！

咔嚓
你别开心过头了，得意忘形可是会受伤的。
嗡嗡嗡……
……
进出锁门

尼可，维娜。我们进来了。
推门

※慌张
好热！

什么！

哒哒哒……
!!

这台空调——
咯吱
咯吱
EMPIRE

它在张嘴呼吸！

是中暑了！

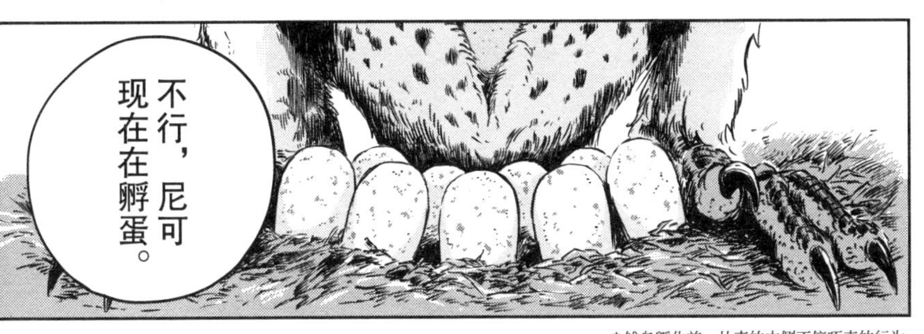

* 雏鸟孵化前，从壳的内侧不停啄壳的行为。

你忘啦？
这种恐龙，是由雄性进行孵化的。
啊，这样啊。
哗
咚
咚
慌张
慌张
糟了！
它好像被什么噎到了。
快，你也快穿上！
哇。
接住

首先要把异物取出来。
转
你去控制住尼可！
了解！
悄悄地进来吧。
吱
听话，听话。没事的。
靠近

抓
怦怦
怦怦
没有栅栏和其他隔挡，

第一次面对它们，
这就是——

真正的恐龙！

咔咔

请问，不用给尼可麻醉吗？

麻醉不是万能的魔法。
麻醉生效需要时间，
在这期间它们就有可能因乱跑而受伤。

我们现在无暇确认尼可全身的状态，
要避免对它的身体造成负担。
吱
吱
咔嚓

所以你千万别掉以轻心哦。
尼可虽然体型不大，但爪子很锋利。
咔
咔
是！

控制小型兽脚类恐龙，
要从它的身后悄悄接近，

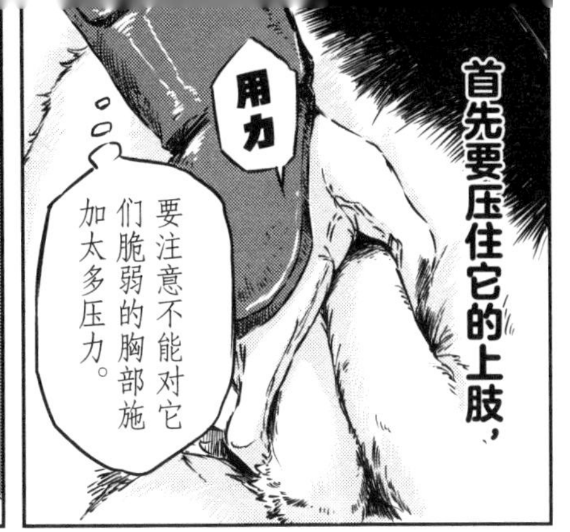
首先要压住它的上肢，
用力
要注意不能对它们脆弱的胸部施加太多压力。

接着要把它的腰带部压在身下，
压紧
用双腿固定它的腰部和尾巴，

慢慢地使它趴下。
这样蹲着的姿势……
颤抖
注意不要太用力压它的腰带部。
耻骨会断的。
颤抖

好吃力……
好、好的！
颤抖
颤抖

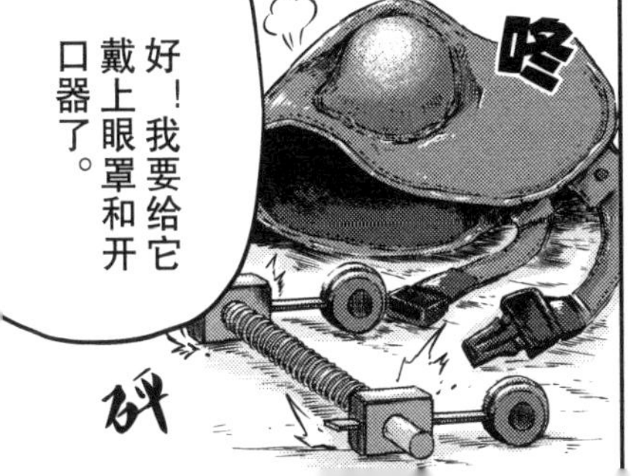
咚
好！我要给它戴上眼罩和开口器了。
砰

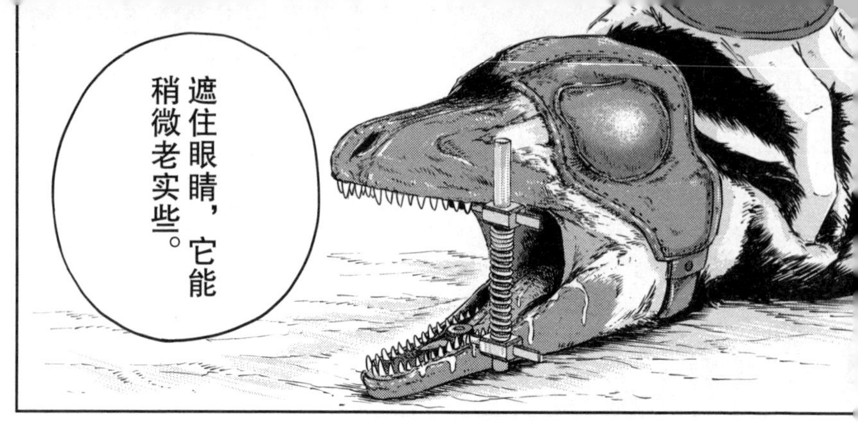
遮住眼睛，它能稍微老实些。

但只要我把手伸进去，它还是会剧烈挣扎。
所以你千万别松手。
伸……
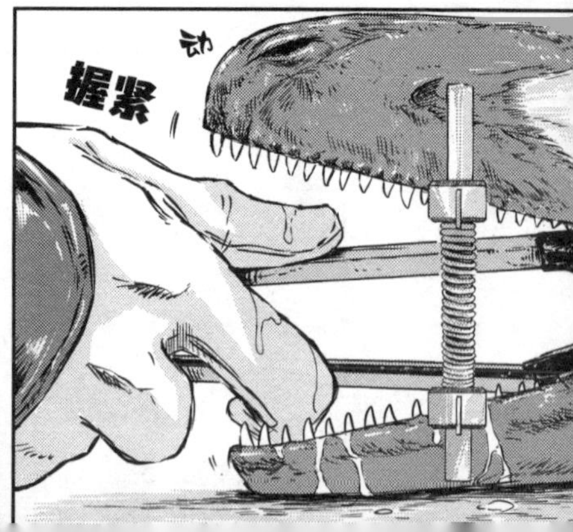
动
握紧

……

忙乱
哇！
忙乱

笨蛋！抓紧点！
你要是松手的话它反而会挣扎得更厉害。

是！非常抱歉！
明明这么小，为什么力气这么大。
颤抖
我的腿已经撑不住了……
颤抖

晃……
!!
慌乱
慌乱
啊！

哇啊！
惊

糟了……

咽

转
※冲
当啷

海堂先生！
唔

冲上前
对不起！
你没受伤吧？

颤
颤
没事。

……
呼

你们没事吧？
冲
我把你要的东西带来了。

你把补水液稀释一下再拿过来。
保冷剂放在风扇内侧。

那、那我呢？
我应该做什么？

够了。你先出去吧。

啊？

哐当
……
把湿毛巾裹在它的头上。
我们要给它降温。

注射器里灌满补水液。

它身体那么小，
力气却那么大。

只要稍有差池，
我们俩都有可能
身负重伤。
我数一、二，我们把它抬起来。
好的。

我想让更多人了解……
它们普通而富有魅力的这一面。

我……
究竟在做什么啊。

说了些自以为是的话。
这是我的梦想！

结果却一点忙都
帮不上。

仅凭对恐龙的喜爱，
是没办法做好这份工作的。不要太天真了。

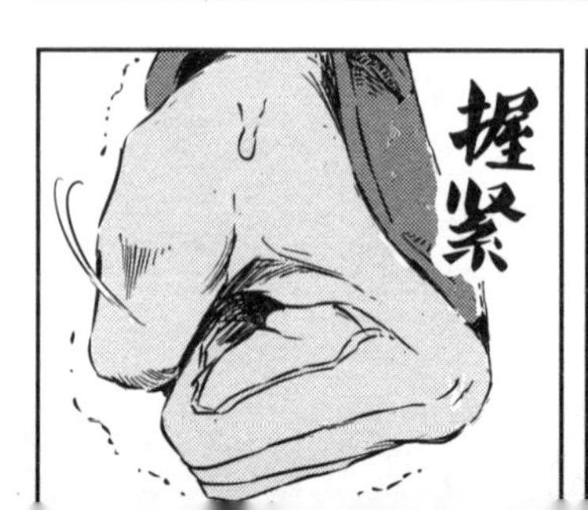
握紧

跑

小雀！
不用管她。

……

跑跑跑……

唳……
沙沙
翼龙园
沙沙

知了
知了
保冷剂已经全部融化了！

糟了，要是温度能再低一些就好了。

哗啦

滴答
滴答

茶屋的阿姨告诉我，

喘气
喘气
反正店里没什么客人，所以剩了很多冰呢。

这个，
喘气
喘气
也能当做保冷剂用吧？

这家伙……

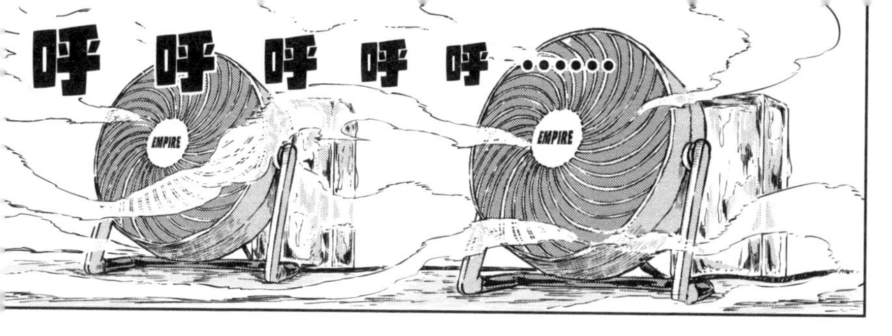
呼呼呼呼呼……

尼可恢复
精神了！
蹭
修空调的人
马上就到。
蹭

算是渡过
难关了。

啊，快看！

啪嚓

叽
叽
伪
伪
伪
伪

转头
说起来我一直很在意。
那只蛋的蛋壳上为什么写了个『伪』字呀？

……
呜啊——好可爱啊——
好神圣！好神圣！

啊，那只蛋是模型蛋。
伪
模型蛋？
？
对，不是真的蛋。

因为我们要控制恐龙的数量，不可能让它们把所有蛋都孵化。
我倒是觉得不这样做也行。
吼

毕竟海堂先生很讲究。他说产蛋期的恐龙都很敏感，
想尽量让它们保持在产蛋后的状态。
原来是这样啊。
…
……

啊，不过，
剩下的三个是真的……
可能是未受精的蛋或者死蛋吧。
当然也有可能还没有孵化。
但也有没受精的情况，
或者细胞在中途停止分裂了。

原来是这样。

不是所有的蛋都能平安孵化呢。
吼
吼
跳

……

饲养生物，
经常不得不面对一些艰难的时刻。

不过，
今天你做得很好。
上前……

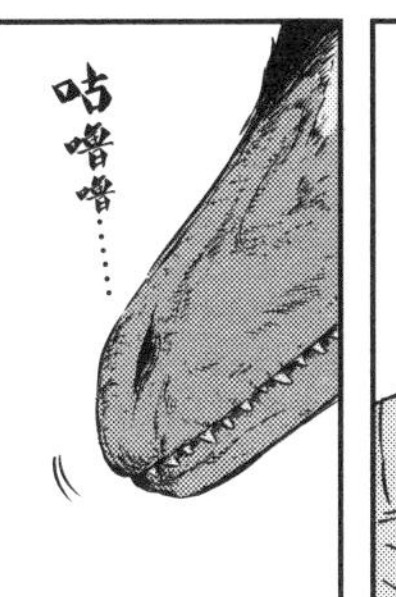
咕噜噜……
这幅光景，

是你守护下来的。

拍

档案
02

恐龙老师的恐龙实验室研究日记
孵化伤齿龙的秘密

大家注意到了吗？伤齿龙宝宝的鼻尖上有小小的突起。鸡、鳄鱼等大部分的卵生动物孵化时，小宝宝需要从蛋壳内侧敲击蛋壳，为此它们的鼻尖长有名为“卵齿”的突起。宝宝们孵化后不久卵齿就会脱落，只能趁着它们破壳而出之际才能看到。

在鸟类中，一类以鸡鸭为代表，孵化后马上就能下地四处走动；另一类以麻雀、杜鹃为代表，孵化后需要暂时留在窝里，由父母觅食喂养。我们将前者称为“早成性”，后者称为“晚成性”。早成性鸟类早还在未破壳的胚胎状态时，就已经在形成骨骼了。不少研究表示，从伤齿龙蛋的化石中可以看出，胚胎时期的伤齿龙骨骼已经基本形成。因此我们可以推测，伤齿龙属于早成性，破壳后便可下地行走。

虽然至今为止我们仍未发掘出完整的伤齿龙骨骼，但一些与它亲缘关系相近的伤齿龙科恐龙的骨骼化石保存得十分完好。在各类恐龙之中，伤齿龙科的恐龙眼睛位置都更为靠前。研究者们推测，在它们眼中，景物会更具立体感。若你从正面看向它，能与它四目相对。本书中出现了给伤齿龙戴上眼罩的场面。若我们想阻断它们的视野，光是使用绷带遮住它们的眼睛或许还不够，它们很有可能透过缝隙或者绷带上的小孔窥见四周，因此需要准备能完美贴合它们头部的东西。

本书中，小雀为了控制挣扎的伤齿龙，用双腿夹住了它的身体。伤齿龙科的恐龙与南方巨兽龙相比，肋骨至胸骨间的骨骼要更为结实。但若是与现代的鸟类相比，其构造还是比较脆弱的。若是将它的胸部按压在地，会有使它肋骨骨折的风险。而它的腰带则相对结实。所以，小雀才会以一种半蹲的艰难姿势边颤抖边将自己的重心放在伤齿龙腰部，借此控制它。看来饲养恐龙是件耗费体力的工作呢。

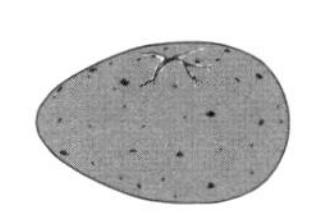
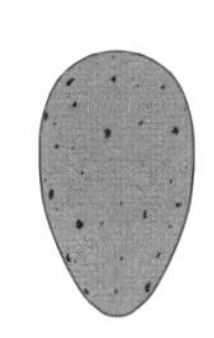

DINOSAURS SANCTUARY
恐 龙 庇 护 所

第3话
阿胜的一席之地①

哇！
他贯彻到底的，究竟是爱，还是正义。
TRIHORN
THE LEGEND OG THE WARRIORS
8.10
恐龙人系列电影第二部！讲述新的传说！
表
一起漫步江之岛！
夏日庆典
这是电影版恐龙人的重制版啊！
江之岛恐龙园
哦？看来须磨你很了解这些嘛。
嗯，我小时候经常和弟弟一起看！

我们恐龙园也有协助制作哦。
这样啊！
三角龙有种独特的魅力呢！
我之前最喜欢它的角！
是啊。
真希望我们家的阿胜也能这么受欢迎啊。
推门

须磨，
这周你去帮花梨打下手。
早上好！

嗯？

抱歉啊，我这里有两个人食物中毒请假了。
诶？他们没事吗？
没事，没事。
园长，总部的人快到了，我们准备一下吧？
啊，好啊。
拍

咦？花梨小姐的部门是……
我想想……

咻
阿胜，我们进来啦。

是饲养恐龙专用的特殊玻璃哦。
同时这里也是室内的参观学习区域。
禁止使用闪光灯
哇，好厉害！居然装了玻璃。

这么大的玻璃，一定很贵吧。
我们恐龙园以前还是很有钱的。
早上好！
三角龙
（角龙科）
全长 5—7 米　体重 2—4.5 吨

近看发现它比我想象得要大呢。
走
走
阿胜有八米长呢，超过平均水准了。
对了，想必你也知道，这里绝对禁止踏入白线内侧的区域哦。
哦？

ゴリゴリゴリ
※撞
哇啊！
惊
哇哦，它今天也怒气冲天呢。
它想快些磨角，已经急不可耐了。
哈哈哈……

你能先帮我把阿胜带去外面吗？
开关在那边。
好！
兴奋
兴奋

哐啦啦啦……
呼
呼

小雀！
我们今天要把旧稻草全部换掉！
轰隆隆……
你能帮我把漏铲的稻草铲进来吗？
江之岛恐龙园

啊！果然有起重机可以用！
海堂先生那个骗子！
*请参照第1话
哦？那家伙跟你说没有吗？

不过他也不算撒谎啦，这台起重机堆肥场也在用，所以能不能用上得看时机。
轰隆隆……
就算是这样，他肯定也是在故意欺负新人！
哈哈哈！

好！这活干完之后呢，
刹车

要来喂它吃饭了。
主食是干草。
沙沙
沙沙

除了干草以外，我们还要加入青贮饲料。
就是一种将牧草等饲料作物发酵制成的东西，像腌菜一样。
真的呢，有一种酸甜的香气。

最后还要加上这个！
锵

豆渣吗？
没错！膳食纤维丰富，
很适合经常便秘的阿胜！

还要再加一些鱼粉。
鱼？
它不是植食动物吗？
哗啦——
没错。但是它长了角，角是角质覆盖骨骼形成的。
角质
骨骼
为了角的健康，需要摄取一些钙或是蛋白质。
你要用力揉哦！
揉
揉
这样啊！
咚锵——
惊
要揉成苹果大小。
要大力揉成团哦。
ゴッ
※撞
ゴッ
※撞

我印象中，三角龙要比其他恐龙更沉稳一些呢。
阿胜还挺暴躁的。
也情有可原啦，因为它的角折断了。
我发现的时候它害怕得不行。

咦？那时候阿胜应该还不在我们这里吧？
撞
撞
对对。它当时在戴诺恐龙园。
那时候我就负责照顾它了。
什么！
花梨小姐之前在戴诺恐龙园工作吗？好厉害！好羡慕！
是那个日本第一的恐龙园？
我一点都不厉害哦。
反而是超级烂的。
嗯？

当时我入职还没满一年，
却被分配到了负责明星恐龙的小组。
我就是在那里见到了它，
阿胜。
呼噜噜噜……
DINO

它凭借巨大的躯体，
与那美丽的三只角，

成为了国内最受欢迎的恐龙。
阿胜！
咔嚓
阿胜！

看这里！
阿胜！

喂！看这里啊！
……
阿胜！

喂，雾岛小姐！
你闲着没事的话就去打磨一下道具吧！
啊，好的，抱歉。

明星恐龙因为稀有，被精心照料着。
饲养员们也被严格分配了各自的工作。
如果能让我做些别的工作就好了。
两年了，几乎都在打扫卫生。
唰
说实话，我都有点怀疑自己为什么要做这份工作了。
唰

就在那时，发生了那起事故。
阿胜，早！我进来啰。
嗡嗡……

阿胜的角被卡在了铁栏之间。
它似乎尝试过强行把角拔出，可它的身体过于庞大，角也因此折断了。

当时恐龙园并未限制游客人数。
我想阿胜也一定积攒了许多压力。
万幸的是它其他部位并未受伤。
可它结束治疗回归恐龙园时，
「狂暴的恐龙」
「不完整」
「假货」
却受到了人们的辱骂。

它的人气
迅速下降。

恐龙园似乎也认为它没什么用了，
欢迎来到戴诺恐龙园
还要再来哦！
24年5月5日
DINO PARK

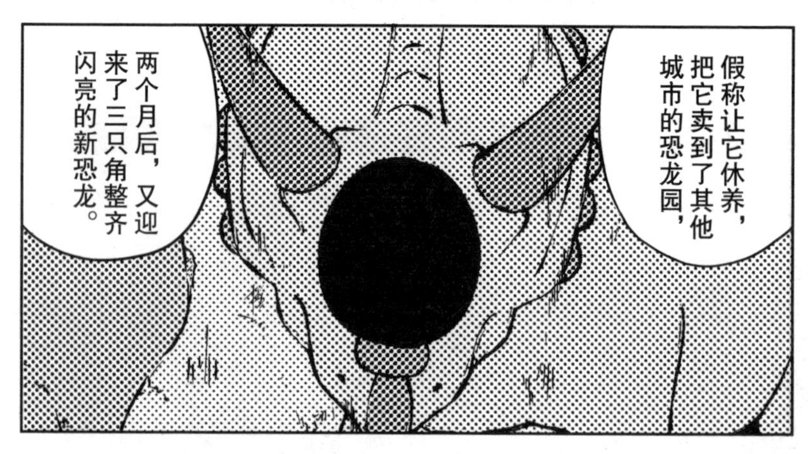

假称让它休养，把它卖到了其他城市的恐龙园，
两个月后，又迎来了三只角整齐闪亮的新恐龙。

招揽客人当然很重要，
嗡嗡……
毕竟这关系到恐龙园的生存。

但是并不仅仅是这样，
恐龙园的存在，

可以让人触摸到恐龙，了解到它们的生态和原本的魅力。
我认为这些才是最重要的。
受不受欢迎，也只是在为这个目标做铺垫。

他们仅仅为了维系所谓的知名恐龙园的招牌，
就这样把阿胜给卖掉了。

目睹这一切后我在想，这里并不适合我。

辞职信
作为一名职员，我能理解这种做法，

但作为一名饲养员，我实在是无法认同。

没想到阿胜居然还有这种往事。
对不起，我不知道情况，却还乱说话。
说了「羡慕你」什么的……
没有没有，不要紧啦。
阿胜它，是我建议园里接手的。
大口
大口
当时买下它的恐龙园刚好倒闭了，
沙沙
大口
虽说是残次品，
我们园里也还是需要一只明星恐龙。
大口

我很开心，又能在阿胜身旁工作了，
虽然这些都无关紧要。
唯

哇哦！那好像是三角龙！
真的假的！那岂不是恐龙人的原型！

突击猛进，突击猛进，三只角！三只角！
它在这！好大啊！
咦？这家伙没角啊？

真的啊，好土！
什么啊，原来是个假货。
什么三只角，我看是三脚猫。
你这笑话好冷！
哈哈哈……

来，接下来要去给尖角龙喂食了。
转头

其实它们现在陷入了三角恋……
什么！这、这有点好嗑啊！
是吧！
滔滔不绝

知了——
知了知了知了
沙沙
沙沙

知了——
知了——
沙沙
沙沙

知了——
知了——
仓库
嗯——找不到啊。

花梨小姐，我找不到啊。
翻翻
找找
你能帮我从仓库拿一双检查用的长手套吗？

手套、手套！在哪啊？
嗯？

咦……

知了—
知了
这个是……

请问这是怎么回事？
哇！
花梨小姐？

你先冷静，这事还没定下来呢。
他贯彻到底的，究竟是爱，还是正义。
不是！
为什么会有这个提案啊！

居然要把阿胜给卖了？
当然是坚决反对啊！

抱歉啊，据总部所说，

原本是为了揽客才买下的它，
现在资金紧张，实在是没办法继续饲养阿胜了。
敲敲
打打
怎么会！

当初买下的时候不是早就知道这一点了吗？
嗯，当时我也是这么说的。
那为什么事到如今又突然要卖？

花梨，别说了。
抓

园长已经很努力了。
对不起，是我不中用。

所以，只要能让阿胜变得受欢迎，问题就能解决了吧？

如果阿胜能招来客人，就能撤回这个决定是吧？

确实是，反正总部只认数字。

我知道了。
推门……
对不起，刚才我声音大了点。

啊……
……
砰

咚

呼

抓
哎，根本不可能啊。

饲养员室

阿胜，
要被卖掉了吗？

滑……
该怎么说呢。

你听到了啊？

这几年我也很努力想让阿胜变得受欢迎。
阿胜
所以，
说实话，我觉得现在的状况，

是无法改变的。
饲养员室

档案
03

恐龙老师的恐龙实验室研究日记
初心不改，研究从未停止

我对于三角龙，有着很特别的感情。这要追溯到 2003 年，我进入大学院开始学习硕士课程的时候了。当时国立科学博物馆的真锅真老师答应了我的无理要求，同意让我研究展示在科学博物馆中的“世界上保存得最好的”三角龙标本。这便是我作为古脊椎动物研究者的原点。

关于该如何复原三角龙前肢，学界有着观点对立的假说，但当时哪一方都还未能给出完整的理论支持。每周一是休馆日，这时我就会进入博物馆的展示厅，对着三角龙标本苦苦思索。每次调查真锅老师都会陪着我，让我自由地去研究，这让我感到很不好意思。这段经历让我明白了，“光是看着化石，是无法有进展的！”因为那可是动物的遗体呀。就在我一筹莫展之际，我无意间看到了现今的动物们的骨骼，注意到了一件事。“咦？我是不是能用这块骨骼突起的朝向，来说明不同动物姿势的差别呢？这也可以应用在三角龙前肢复原的工作中吧？”一旦有了构思，我脑中不停地涌出了关于研究的各种想法，也由此巩固了我读博的决心。

“想要了解已经灭绝的动物，就要先研究还活着的动物。”在研究三角龙的过程中，我注意到了这一点。包括这一点在内，能研究三角龙，对于我之后的研究生涯来说是一件幸运的事。即使是现在，三角龙的复原也是我学术兴趣的内核，我会时不时回顾这一课题。

牛和犀牛的角、鸟喙、指甲、鳞片，是由多层硬蛋白质（角质）包裹着骨头或者真皮表面而构成的。角质几乎不会留存在化石中，但从三角龙角的断面中，可以看到千层饼一般的角质层。角质层包裹着骨头边缘，骨头供给着角质层，使得它一点一点向外延伸。所以角的角质部分，就像叠在一起的冰淇淋筒一样，从外部看来还有着生长纹。有时会是与生长方向平行的条纹。和指甲一样，角就算折断了，角质部分也会继续生长。而尖端会经常遭到摩擦，会被磨得越来越光滑。

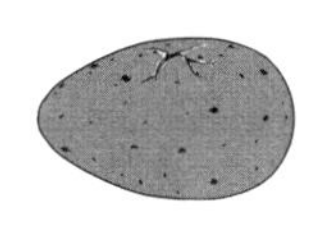
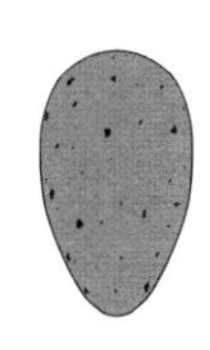

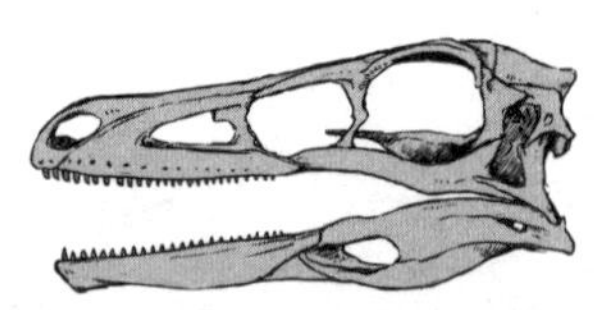

DINOSAURS SANCTUARY

恐 龙 庇 护 所

阿胜它呀，

虽然是个暴躁的孩子，
咕咕咕咕
但它也有感情细腻的一面呢。

它很喜欢去海边，
排泄也非去那棵椰子树下不可。
知了——
知了——
咕咕咕咕
它很喜欢吃奖励给它的苹果。
真是个好孩子呢。

三角龙
英文名：Triceratops
学名：Triceratops prorsus
分类：鸟臀目 角龙科 三角龙属
分布：北美大陆西部
时代：白垩纪后期（马斯特里赫特期）
它只不过少了一只角，
摸

……
只是少了一只角而已……

我们应该还能做些什么……

花梨小姐！
拍
我想到了一个好主意！

第4话 阿胜的一席之地 ②

这是，
阿胜的角？

是的！
我在想，我们可以拿它来做展示。

摸
原来如此。

我们可以拿废弃材料做轴，
然后拿围栏用的铁链把它挂起来。

嗯，
有意思。

试试看吧！
好！

嗡嗡嗡……

刷刷
刷刷

拉开
工作辛苦了。
啊，海堂君，工作辛苦了。

那俩人在干吗啊？

好像是在商量有关阿胜的那件事。
抹

她们似乎想出了什么好主意。

这里选这个颜色更好吧？
确实，你选的颜色比较引人注目。
……

哗啦啦啦啦……

哗哗哗……
雨一直下个不停。

还差一点，加油！
是！

哗啦
哗啦

哗啦啦啦……
这个位置差不多吧？
再往右一点吧。
哗啦啦……

滴答
好！完成了！

哗啦啦啦……

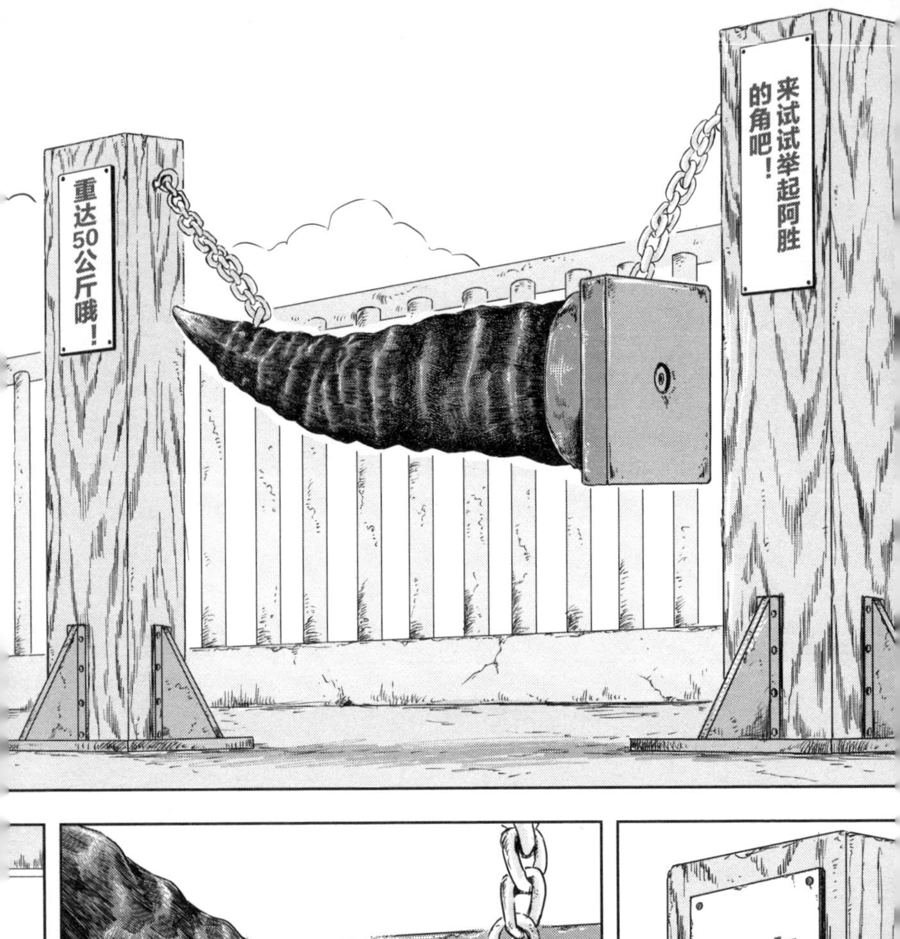
来试试举起阿胜的角吧！
重达50公斤哦！
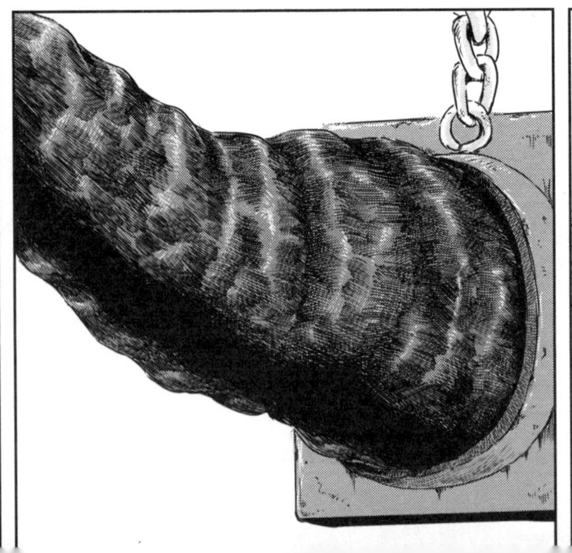

来试试举起阿胜的角吧！

阿胜的角为什么折断了?

当时阿胜精神压力很大
角就这样夹在了栅栏里
它想用力挣脱但被夹住
一不小心就折断了。

还能长出来吗？不要紧吗

角一旦折断就再也不会
长出来第二只了。但是
没有角也没关系，身体
的平衡不会受到影响。

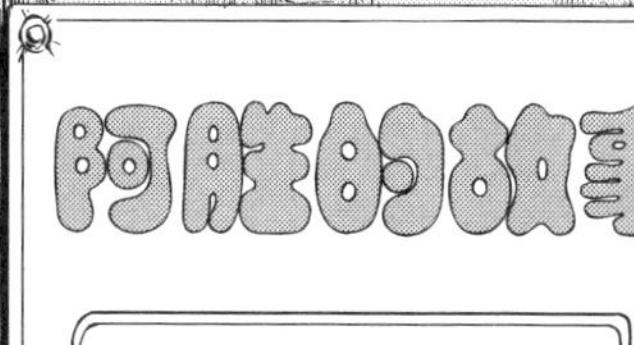

- 生日
  1994年11月20日
- 身长
  8米
- 体重
  7吨
- 栖息地
  美洲大陆

我想都没想过，
还能把折断的角展示给游客看呢。

大家肯定会对这个感兴趣的！
看来我才是那个，

光考虑着折断的角，
而忽略了眼前的阿胜的人呢。
好兴奋啊！

啊，客人来了哦！

啊！他走了！

哦！

哎哟！
嘎吱！
啊……

……
咕咕——

没有几个人愿意停下脚步啊。
消沉

哎，也是。要是事情这么简单就能解决，我们之前就不必大费周章了。

也不能一直这么等下去，
先集中精神工作吧！
握拳
啊，好！

瞄
……

知了——
知了——

知了——
知了——

三天过去了。
咕咕

路过了很多游客，
沙沙
知了——
知了——
但没什么人愿意仔细阅读说明。
沙沙

要是有什么宣传的机会就好了。

要是到月末还没做出成绩，
……

总部就会按计划把阿胜卖掉。
对不起，我也无能为力。

这个月，还剩下两周……
握紧

揽……
没关系，会有客人看的。

哇哦！阿泽，你快看！这是什么！

是阿胜的故事！
有点好笑啊！
阿胜的故事
(♂)
阿胜的生平
·生日
1994年11月20日
·身长
8米
·体重
7吨
·栖息地
美国
我27岁啦！
小时候
在
拉腊米迪亚恐龙保护区
有很多我的伙伴。
什么是拉腊米迪亚恐龙保护区？
蒙大拿州
美国的蒙大拿州西部
冰川国家公园设有野

像是亲手做的，有点粗糙呢。
好了，麻美。我们走吧。
咔嚓
咔嚓

上面写着阿胜喜欢苹果！
咦，等等，它有点便秘耶！
每月一次的苹果时间
事实上！
便秘
是阿胜的痛处
大便出不来呀！
呜呜！
因此
小知识
豆渣是生产豆腐过程中的副产品。制作简单，对肠胃很好。
咔嚓
咔嚓
但是！
没想到它的嘴还挺刁，只吃的苹果。真是的恐龙美食家
不过这一点也挺可爱的！
不！

这不是和我一样嘛！
哈哈哈哈哈……
啊，这是它折断的角？

哇，阿泽，你抬抬看！
我不要，麻烦死了。
呵呵，你举不起来吧。

说什么呢？小菜一碟好吗。
嗯！
咔嚓
咔嚓

哈哈哈哈！
呼——
呼——
好重……

真的假的，它要顶着这么重的东西生活。
我之前都不知道！
咔嚓
咔嚓

这家伙，好帅啊！

哦？小弟弟，你要抬抬看吗？
嗯。
就像这样，

去触摸，去感受，
就会更想要了解它。

一旦了解它，就一定会喜欢上它。
抬不起来吧——
哈哈哈。
根本就不重！

像这样慢慢地，
哞

沙沙……
这座恐龙园的魅力，

一定能感染更多的人！

哈哈，说了些自以为是的话。

不过，能实现这些，既是阿胜自己的功劳，

也是对阿胜满怀爱意、一直在照顾它的，

花梨小姐的功劳！

真是的！
ぎゅっ
※抱紧

哇，阿泽！快看那边！

哎呀，真可爱！
像猫一样！
咔嚓
咔嚓

哐当
哐当
嘀
嘟嘟嘟……

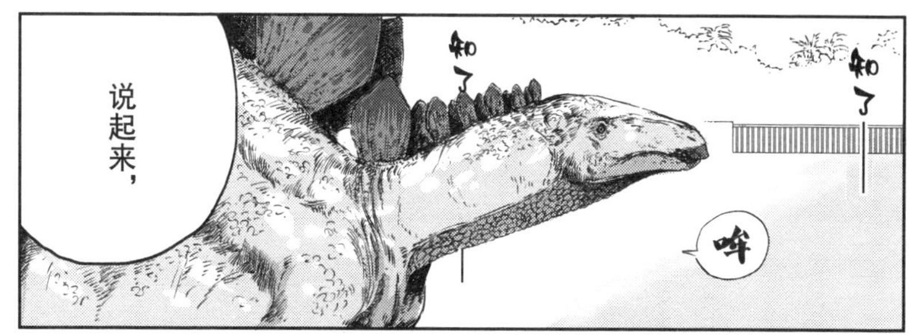
知了
知了
哞
说起来，

最近游客变多了啊。
是啊。
饲养日志

阿胜的小展览评价也不错。

放眼全国，只有我们这里能让游客摸到角。
所以还挺有价值的。

总部也决定看情况再商议了。

还要看情况啊。
看来在他们放弃决定之前我们还得继续战斗啊。

话说回来，
？
只是展示个恐龙角而已，居然这么有效吗？
咀嚼
咀嚼
江之岛恐龙园

我也很好奇。

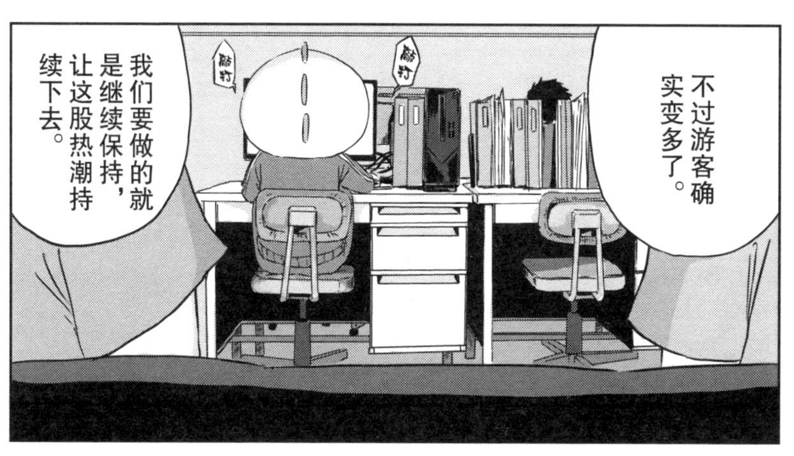
不过游客确实变多了。
我们要做的就是继续保持，让这股热潮持续下去。

有道理！

4.5 万转发　　6451 引用转发　　19.4 万点赞

Maatachi @maaaaaaa0421　3 天前

回复：@pyokobuuwww

这是猫猫蹲吗？

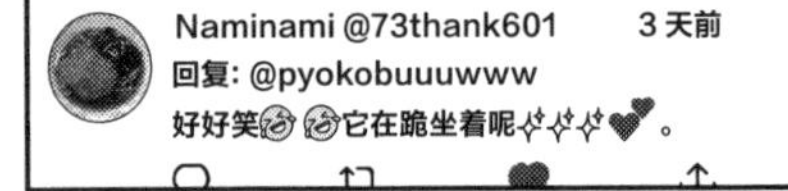

Naminami @73thank601　3 天前

回复：@pyokobuuwww

好好笑 它在跪坐着呢。

pyonkobuu@pyokobuuwww　3 天前

大家好，我和男朋友一起来江之岛玩啦！

一起举了恐龙的角，男朋友的表情好好笑！

江之岛约会 # 恐龙园 # 恐龙好大只哈哈

阿胜最棒 # 像只猫一样 # 治愈系 # 嗨夏

江之岛 # 湘南 # 镰仓 # 辣妹拯救世界 #summer

213　8,973　1.3万

福冈市山之森恐龙园【官方】 @1…3 天前

早上好！！

有翠鸟来到了迷乱角龙五郎的放牧地。

五郎很吃惊的样子，盯着翠鸟看了很久哦！

Pyonkobuu

@pyokobuuuwww

关注 1318　粉丝 56.3 万

生日：7 月 16 日

档案 04

恐龙老师的恐龙实验室研究日记
怀疑前提而探明的真相，“朝前看”。

虽然有些突然，但请大家摸一摸自己的前臂（手肘到手腕的部分）。从手肘外侧延伸到大拇指的骨头叫做“桡骨”，从手肘后的突起位置延伸到小拇指的骨头叫做“尺骨”。这两根骨骼的构造，在哺乳类、青蛙、蜥蜴、恐龙身上都是一致的。好，接下来我们做出“立正”的姿势，收紧腋下，让这两根骨头保持平行。这样一来，大拇指会在前，小指会在后，手背会朝向斜后方。保持这个姿势，就这样趴在地上的话，指尖会朝向侧面。那如果我们想让指尖朝前的话，该怎么办才好呢？一部分的哺乳类会使桡骨和尺骨交叉，肘部在外的桡骨，到了手腕部会转到内侧。这样一来，大拇指就来到了内侧，小指来到了外侧，指尖就朝前了。手掌的这种运动叫做“旋前”，对于我们来说很轻易就能做到，但包括恐龙在内的大多数动物却做不到。那蜥蜴或者鳄鱼是怎么做的呢？它们会抬起手臂，让手肘横向伸展。这样一来，两根骨头既能维持平行，指尖又能朝向前方了。

三角龙的前肢到底是像哺乳动物一样运动呢，还是像蜥蜴一样运动呢？关于这点有许多讨论。但这些讨论都有一个前提，那就是“怎样做才能使指尖朝前”。

等等，是谁说“指尖必须朝前”的？当时我还在读研究生，开始研究三角龙时，心中便有了这个疑问。放下手臂时，桡骨在前尺骨在后，手背和指尖都会像在陆地上行走的海狮一样朝向外侧……这样也符合足迹化石上手背朝向外侧的发现，支撑体重的手指（大拇指、食指、中指）也会配置在前。再仔细观察会发现，手背朝向外侧、摆出“朝前看”的状态对于恐龙来说才是理所当然的吧。这一点我也在研究过程过逐渐醒悟了。

幸好，我找到了一些骨骼连接完好的三角龙的同类，它们被展出于东京、渥太华、纽约的博物馆中。这其中有的恐龙保持着下蹲的姿势（弱角龙），手指保持着“朝前看”的状态，就像是要用手掌遮住胸口一样，手腕朝着身体弯曲，就像是揣手端坐的猫咪一样。我很喜欢这个姿势。但它的脚后跟似乎很难弯曲，只能将脚背朝下，有些像正座的姿势。咦？关于“坐姿”我貌似有些唠叨了。

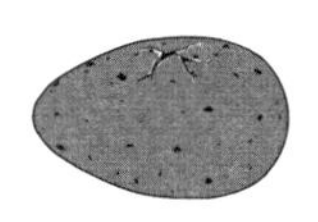

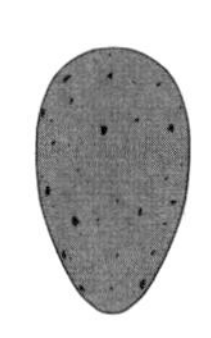

DINOSAURS SANCTUARY

恐 龙 庇 护 所

协助取材：
凯兹宠物诊所　院长　山崎贯太

吼

第5话 罗伊的宿命
哇！抓得太准了！
双脊龙
（兽脚类）
全长 6—7 米 体重 280—400kg

罗伊今天状态不错嘛！
啊，对了。
等一会儿恐龙兽医要来。

诶？

像罗伊这种通过基因编辑诞生的恐龙，
很容易生病。

所以要定期接受体检。

说起来我还没跟恐龙的兽医见过面呢！
他人怎么样？
……

总的来说，他技术是不错。

别说这些了，快把这些箱子搬走吧。
话中有话啊……

啊，好。
嗯……
绊

哇！

笨蛋！
危险……

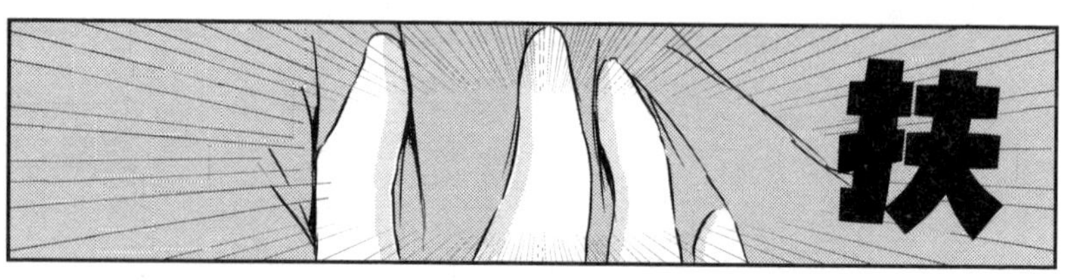
扶

没事吧？

你就是传闻中的新人啊。

是……是的。

现身
这个月也拜托了。
你好，海堂。
不知火。
你做事小心些……
对不起……
这是它本月的活动数据。
谢谢。

嗯……

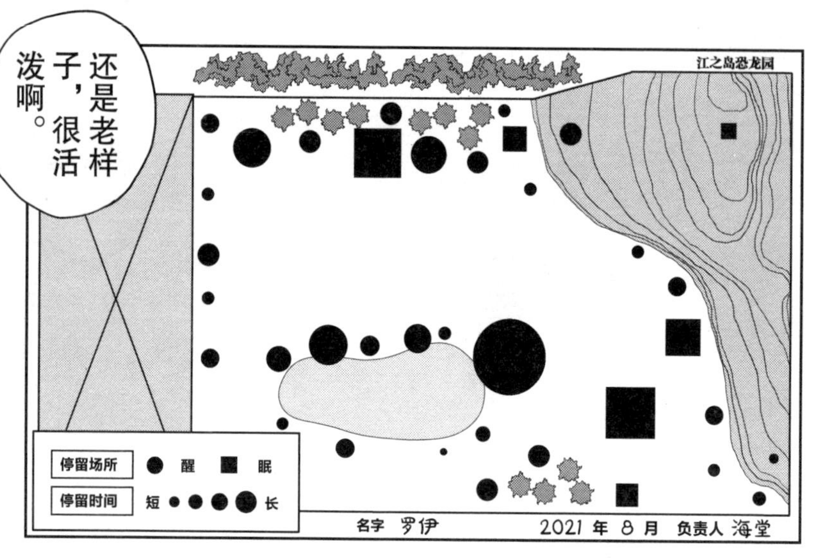
还是老样子，很活泼啊。
江之岛恐龙园
停留场所 ● 醒 ■ 眠
停留时间 短 ● ● ● ● 长
名字 罗伊
2021 年 8 月 负责人 海堂

中条君。
你能把上个月的数据给我吗？
好。

观察

小步
小步

它最近有没有奇怪的地方？

……

能吃能玩的。
很有精神！
我没觉得有什么异常。

……这样啊。
嗡——
嗡——

啊，对了，
它之前不怎么爱喝水，我还很担心来着。

最近饮水量增加了呢。

中条君，

能帮我准备麻醉吗？
好的。

罗伊有哪里出问题了吗？

怎么回事？不知火。

请看。
伸……
黏糊糊……

它的粪便有些发黄。
不过程度很轻微，不是我的话也发现不了。
扯

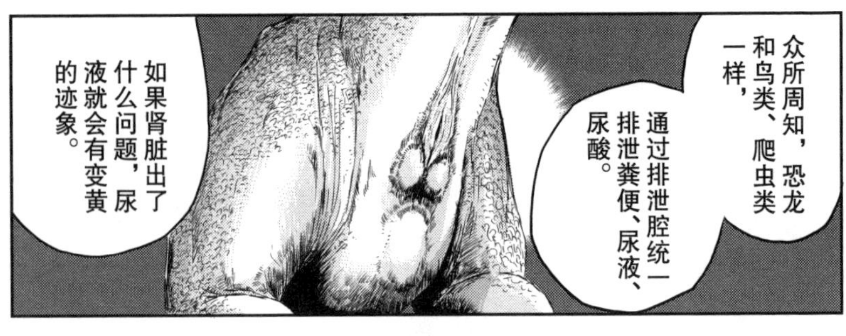

众所周知，恐龙和鸟类、爬虫类一样，
通过排泄腔统一排泄粪便、尿液、尿酸。
如果肾脏出了什么问题，尿液就会有变黄的迹象。

不过这也有可能是偶发现象。
咕噜
比起这件事，我更在意的是……

它的饮水量增加了。

这本身不是一件坏事，
毕竟饮水不足会增加痛风的风险。
不过，它不可能毫无理由地突然增加了水分摄入。
咕嘟

所以，我怀疑它是不是患了什么病。
哗啦
哗啦
哗啦
病……？

比如，肾衰。
哗啦
咕嘟

肾衰会引发多饮和尿频。
并且高概率伴有痛风发作。

请对比看看本月与过去的活动数据……

怎么样？发现什么了吗？

啊！

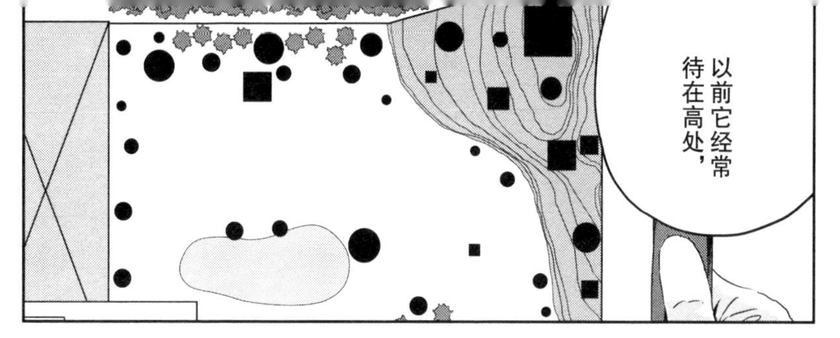
以前它经常待在高处，

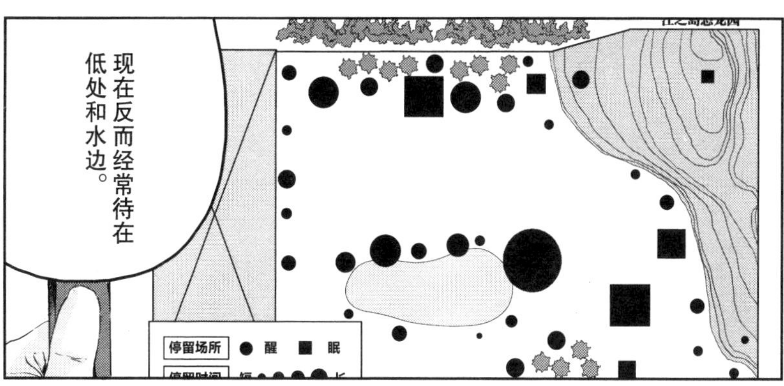
现在反而经常待在低处和水边。
停留场所
醒
眠

虽然只是推测，
但罗伊的右脚应该有些问题，

它为了玩要一直在忍耐疼痛，导致我们很难观察到。

但它跳跃时应该会感到疼痛吧。
实际上，它刚才就想往高处跳，但又放弃了。

总之，有必要对它做一次检查。
要是等出事了就晚了。
这个人好厉害。

你能用肉把它引到草地上吗？
好的。
短短的时间内，就看出了这些问题。

没错，我们要把罗伊搬去诊室。
你再派两个人来帮忙吧。

在它因麻醉而昏迷之前我们要用缓冲材料接住它，
以防它骨折或者脑震荡。
咔嚓

穿上防护服。这次连脸都要保护好。
好、好的！

知了——
沙沙
知了——
沙沙

咚
噗呲
嘎啊
沙沙
目标是这么大的恐龙，也不打算用气枪吗？
沙沙
嗯？噢。

不知火总会尽量选择不伤害生物身体的麻醉手段。
嗦……

好！走吧！
瘫软……

知了——
知了——
哗啦啦啦……

EMPIRE

我猜测得没错。

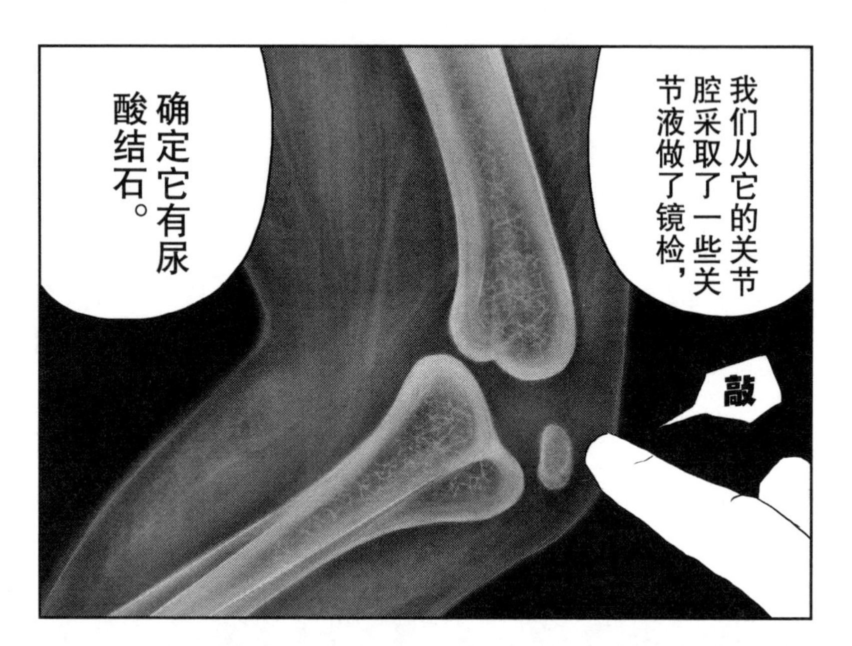
我们从它的关节腔采取了一些关节液做了镜检，
敲
确定它有尿酸结石。

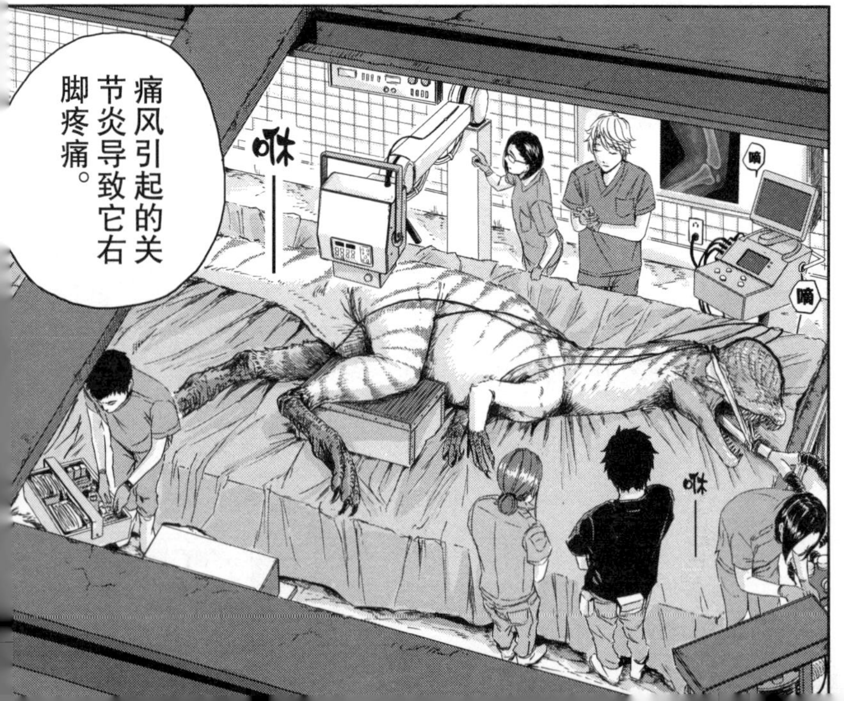
嘀
嘀
咻——
痛风引起的关节炎导致它右脚疼痛。
咻——

没想到它居然……

不过您当时就确定我们有必要麻醉它来做检查吗？
当然。

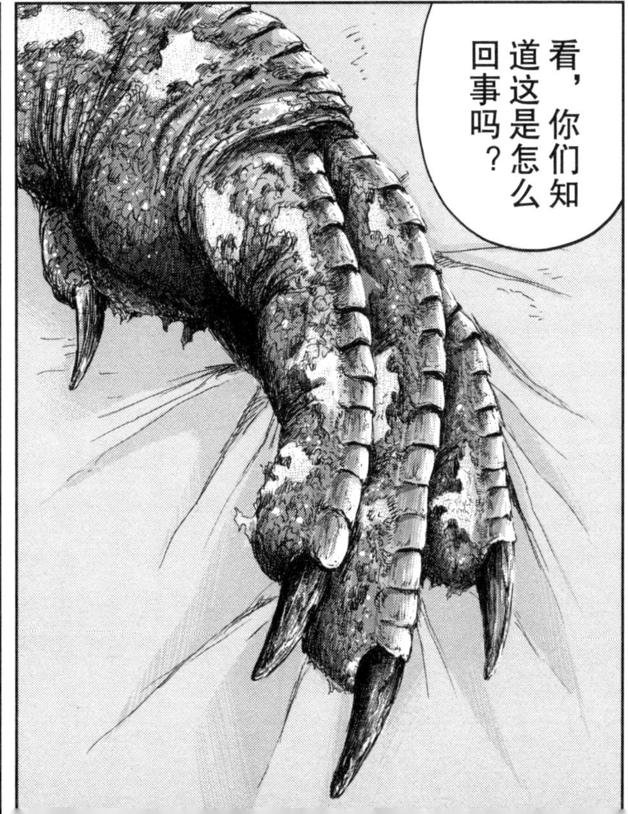
看，你们知道这是怎么回事吗？

脱皮说明了什么吗？
那不是重点。

它脱皮的周期太短了。

伴随着它的成长，脱皮的间隔会越来越长。

脱下的皮也不完整。

拨弄……
肾衰的话，脱皮的周期会变短。
皮也会变薄。

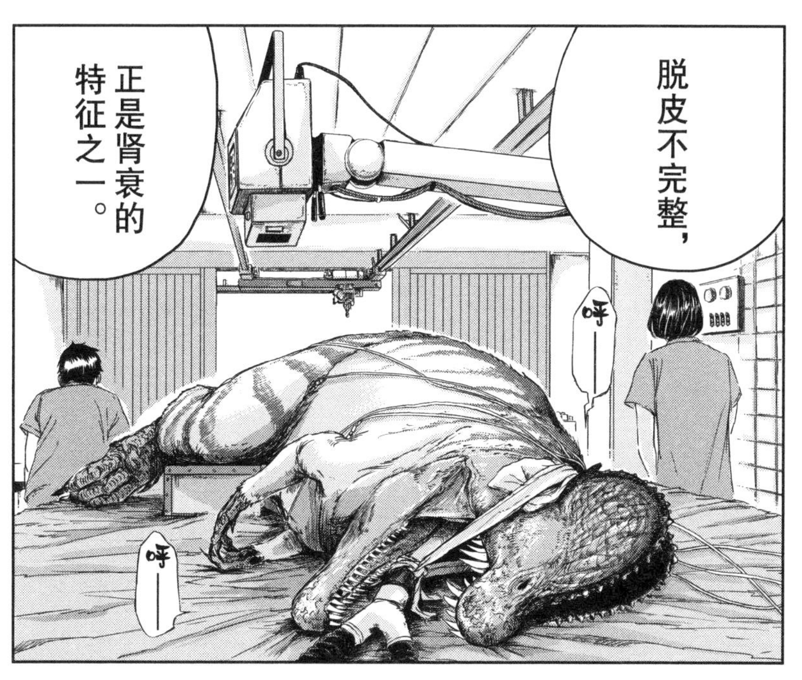
脱皮不完整，
正是肾衰的特征之一。
呼——
呼——

罗伊的症状现在还不是特别严重，
呼——
不过它今年已经脱过一次皮了。
呼——

再加上其他的症状，综合判断，
这是肾衰引起的痛风。

还好只是轻度。
罗伊还很年轻，应该能完全恢复吧。

这次我会开一些抗生素和中药，
还有溶解尿酸结石的药。

给它喂药的时候要注意别让它闻出味道，
最好放在胶囊中混进饲料里给它。
……

对了。用别嘌醇就挺好的。

知了——
知了——
有剑龙！

踏
咕嘀
苏醒后状态不错，应该没问题了。

症状改善后，
如果它又不爱
喝水了，
你们可以试着
喂它一些富含
水分的饲料，
嗒
嗒

最好是更贴合
自然的食物，
比如在池塘里
放一些活鱼。

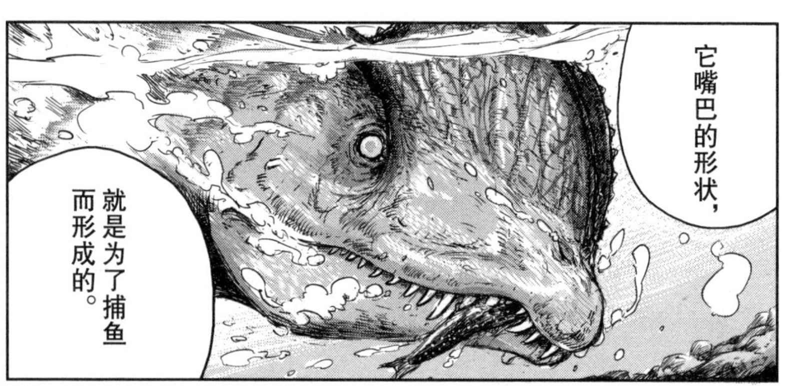
它嘴巴的形状，
就是为了捕鱼
而形成的。

能边玩边捕
食，它也会
很开心的。

真厉害啊。

不知火先生敏锐的观察力，
和到位的诊治，

让我深受感动。

我明明每天看着它，
却丝毫没注意到异常，真是太难为情了。

我希望我也能成为不知火先生这样的人，
我会努力的！

你真是了不起呢。

你是不是等着我
这样夸你呢？

呃
？

你说你要
努力，
逼近
你要怎么
努力？
逼近

你想感动想反省，都随便你。
逼近
逼近
但光这么做根本无法真正救治恐龙吧？

我啊，最讨厌那种，
抬
什么都做不到，

却还爱说些漂亮话的人。

喂！

这次还好在早期就发现了。
如果症状持续恶化，
霸王龙
Tyrannosaurus 500m
棘龙
Spinosaurus 750m
江岛神社
Enoshima Shrine 120m
恐龙会馆
Dinosaur Hall 300m

最坏的情况，它可能已经死了哦？
如果是这样，你能为此负责吗？

你是在考虑到这些的基础上，
还说出了那种天真的话吗？

抓
你够了吧。
这些是我的责任，别朝这家伙乱发火。

靠基因编辑诞生的恐龙本就无法长寿，
它们此时此刻仍活在自私的人类的支配之下。

这一切的元凶就是你的父亲，
虽然我不知道他为什么会做这种蠢事。

但说到底，你真的有资格在这里工作吗？

※文
不知火！

你这家伙，你以为你是谁啊？

原话奉还。

说到底，注意恐龙是否有异常，为改善它们的生活提建议，
都应该是你们的工作吧？

是啊，没错，你说的这些我并不否认。
但你不该牵扯到别人父母吧？

你挺较真嘛。
你这么袒护她，是出于自己杀死了须磨一郎的罪恶感吗？

什么？

不是的！
就算你为她做再多，

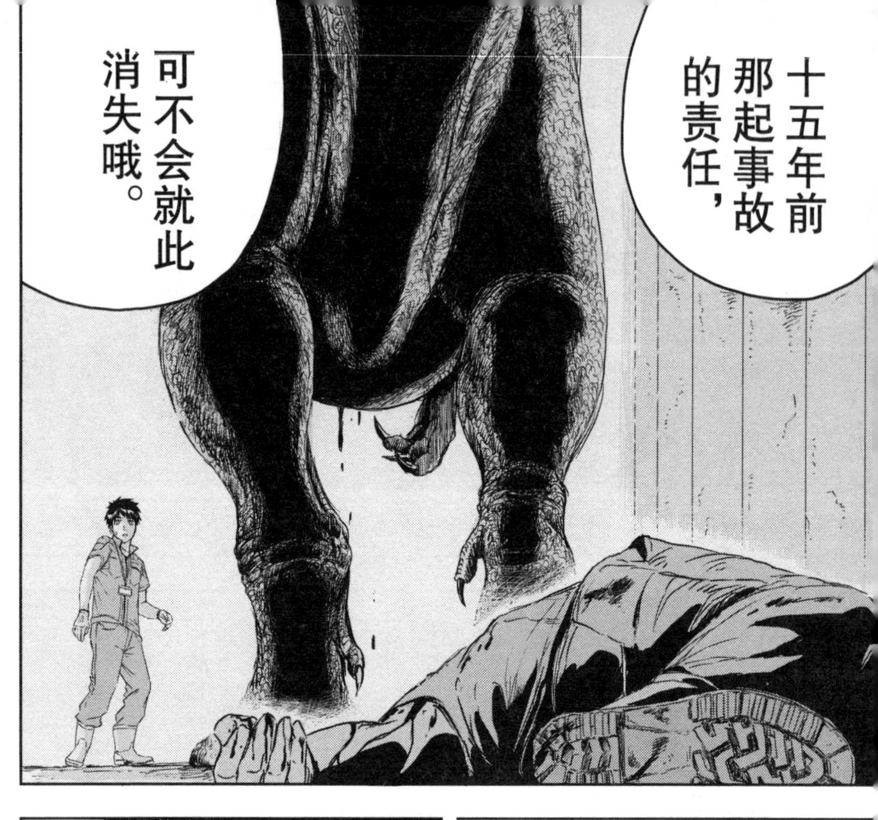

恐龙庇护所① 完

档案 05 

恐龙老师的恐龙实验室研究日记
越了解，越喜爱。

我在研究恐龙的运动时，也得到了一些宝贵的机会，参与了如恐龙复原画、复原模型、以恐龙为原型的作品的相关制作指导。为了工作，我认真研究了一些关于恐龙骨骼的论文和照片，得到了一些有趣的发现。

这些发现中有一些是关于双脊龙的。首先，它的牙齿比我想象中长多了，而它的脊柱却不怎么长，也不怎么粗。其他兽脚类恐龙会靠着一些肌肉使得躯体和尾巴保持直线，而在双脊龙身上的这部分肌肉应该很难发挥其作用吧。它的嘴闭合时形状像一条波浪线，非常有特点，在海鳗、鳄鱼身上也有相同的特征。面对那些能够一口吞下的猎物，这一特征应该能发挥很大作用（这一点并没有明确的根据）。

最让我震惊的是，它身上有着类似膝盖骨的骨头。这块骨头位于股四头肌内侧，借韧带牵持与胫骨连接。哺乳类动物和鸟类的膝盖骨基本上都是硬的骨头，而除此之外的动物膝盖骨则是软骨，软骨不会作为化石保存下来。恐龙是鸟类演化前的阶段，如果双脊龙真的拥有坚硬的膝盖骨，那属实是非常罕见。

顺带一提，最初被赋予“双脊龙”这一学名的标本个体前肢骨骼似乎发生了病变。漫画中有一段描绘了罗伊膝盖的毛病，当我读到这一部分时，我不由得感叹，不愧是木下老师。

大家请仔细看看恐龙的手。一部分手指的末端骨节有着指甲般的尖锐形状，尖端上长着由角质构成的真正的“指甲”。这块骨头叫做“ungual”，我大胆将其译作“爪节骨”。或许会有人将其翻译为“末节骨”，但“末节骨”是专门用作描述手指分为三节的哺乳类动物的，三节手指分别是基节骨（proxima）、中节骨（media）、末节骨（diatalis），“末节骨”专指第三节手指骨。一般说来，哺乳类动物的手指，从拇指到小指，各个手指依次由2-3-3-3-3节构成。但恐龙的手指却分为2-3-4-3-2节。因此，我们在使用描述骨头形状的用语时要注意，若使用这些描述三节手指专用的词语来描述指节数与之相异的恐龙，就会产生歧义。

实际上恐龙只有拇指到中指有爪节骨，无名指与小指上甚至没有指甲。与恐龙有亲缘关系的鳄鱼、翼龙身上也有这一特征。如果你在恐龙的复原图上看到它的无名指与小指上有指甲，请对此保持怀疑。兽脚类恐龙的手上本来有五根手指，随着演化，从没有指甲的手指开始，手指一根一根逐渐消失了。双脊龙就失去了小指，继续演化下去的话会失去无名指。而霸王龙的手上甚至连中指都消失了。

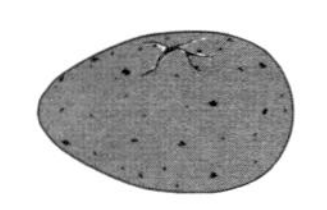
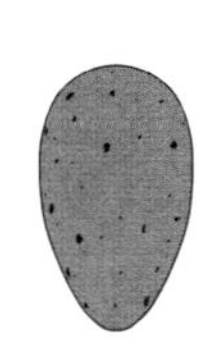

2020年12月的某一天，

我的师父真锅老师问我"有一位漫画家要画恐龙相关的漫画，你有兴趣给他当指导吗？"

我读了漫画的企划书，觉得非常有趣，十分期待。于是我与木下老师、负责的编辑老师在ZOOM上聊了聊。我不禁感叹，二人都对恐龙复原这方面相当有研究！

回顾自己的经历，我发现我也从漫画中学到了很多。我由衷期待这部漫画也能给各位读者带来许多新发现！

我给建议时总是想到哪说到哪，但木下老师和编辑老师总是尽全力来回应我，真的非常感谢。

读者朋友们给出的反馈也使我深受鼓励。

藤原慎一

编辑TM氏、藤原老师、BANCHI编辑部营业部宣传部的大家、设计师竹内老师、凯兹宠物诊所的山崎院长、全国的书店、我的妻子、家人、朋友、参与漫画制作与贩卖的工作人员，以及最重要的读者朋友们，我非常感谢各位。

正因为获得了许许多多的帮助，我得以完成了这部漫画。光凭我自己一个人的力量是绝对做不到的。我真的非常幸运。

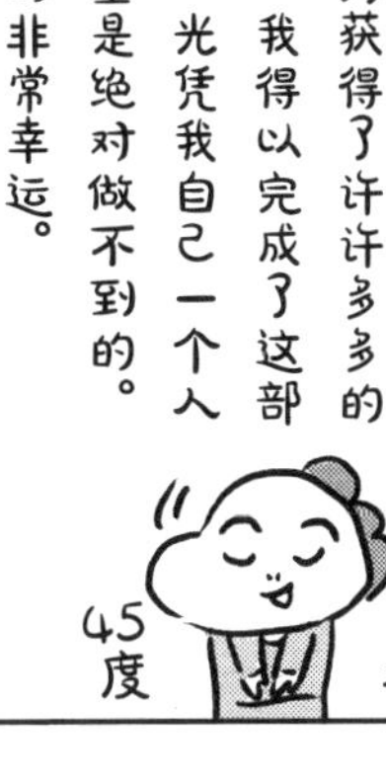

那本该是一个平常的日子
早上好，草莓！
嗄……
今天也很精神嘛！
江之岛恐龙园
实习生
海堂

十五年前，发生在恐龙园的那场悲剧

彻底改变了恐龙与人类之间的关系——

恐龙庇护所第2卷好评发售中！

DINOSAURS SANCTUARY HAOPING FASHOUZHONG

图书在版编目（CIP）数据

恐龙庇护所 / （日）木下到著 ； 马大起译. -- 石家庄 : 河北科学技术出版社, 2023.6

ISBN 978-7-5717-1563-2

Ⅰ. ①恐… Ⅱ. ①木… ②马… Ⅲ. ①恐龙一儿童读物 Ⅳ. ①Q915.864-49

中国国家版本馆CIP数据核字(2023)第113997号

版权登记号：图进字 03-2023-055

书　　名：**恐龙庇护所 1**
KONGLONG BIHUSUO 1

[日]木下到 著　[日]藤原慎一 监修　马大起 译

总 策 划：闫　华　　责任编辑：李　虎
特约编辑：徐　洁　乌力亚苏　　责任校对：徐艳硕
装帧设计：朱建玲　　美术编辑：张　帆
出　　版：河北科学技术出版社
地　　址：石家庄市友谊北大街330号（邮政编码：050061）
印　　刷：上海盛通时代印刷有限公司
开　　本：128mm × 182mm　1/32
印　　张：12
字　　数：120千字
版　　次：2023年7月第1版
印　　次：2023年7月第1次印刷
定　　价：58.00元（共2册）

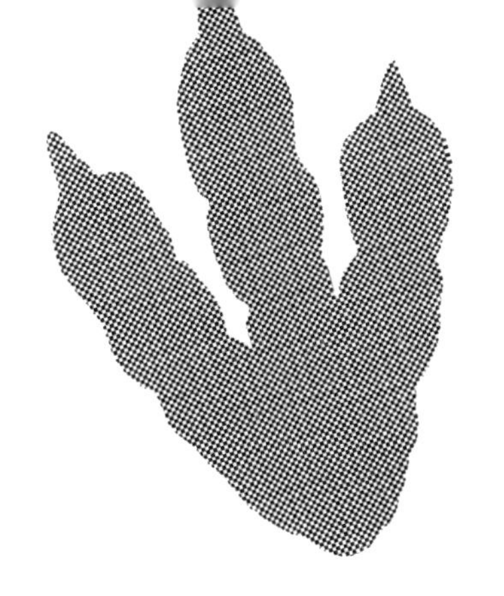

FXCULTURE 风炫

恐龙庇护所

DINOSAURS SANCTUARY

2

[日] 木下到 著
[日] 藤原慎一 监修
马大起 译

河北科学技术出版社
· 石家庄 ·

雾岛花梨 WUDAO HUALI

负责照顾角龙。曾在行业头部的恐龙园工作。很有气势的大姐姐。

海堂新 HAITANG XIN

负责照顾兽脚类恐龙。对待工作非常严格，擅长收拾残局。

须磨雀 XUMO QUE

入职不久的新人饲养员。最喜欢恐龙、品尝美食！

不知火莲 BUZHIHUO LIAN

恐龙医生。对人冷淡，但对待恐龙真挚且温柔。

鸟饲亚美 NIAOSI YAMEI

负责会计和人事工作。不擅长与人交往，也不喜欢满身肌肉的人。

荻野孝俊 DIYE XIAOJUN

园长。为人温和，但对恐龙园的经营很是头疼。

CHARACTER

小雪（雌）

爱撒娇的南方巨兽龙。

维娜（雌）、尼可（雄）

伤齿龙夫妇。

阿胜（雄）

断了一只角的三角龙。

罗伊（雄）

患有痛风的双脊龙。

故事简介 STORY

1946 年，人们在某个小岛上发现了残存的恐龙。此后，通过人工繁育和基因编辑技术，人们成功让恐龙在现代获得新生。恐龙独有的魅力使得无数人为之着迷，然而，某场事故之后，人们对恐龙的热情迅速冷却，恐龙主题公园“江之岛恐龙园”也因此陷入经营危机。就在此时，新人饲养员须磨雀入职了。作为前辈饲养员们的助手，她帮助了伤齿龙进行生产、为三角龙设置了新的展览区域，每日辛勤工作。

通过基因编辑出生的恐龙患有遗传病，因为种种缘故，小雀招来了恐龙医生不知火的愤怒……

目 录

CONTENTS

知了——
知了——

沙沙
沙沙

沙沙
沙沙

江之岛恐龙园
饲养员事务所

知了——
知了——

沙沙
真早啊。
沙沙

海堂先生来得更早呢，你在做什么？

昨晚有点睡不着。

也没什么，是我每天的习惯。
恐龙之

恐龙之墓
那些因病或者事故死去的恐龙，
长眠在这里。

不过实际上它们的遗体都被送去研究所了，
没留下遗骨或骨灰。

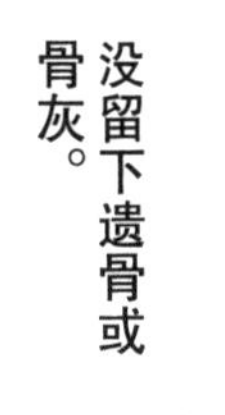

草莓它……

是一只雌性异特龙。
哗啦啦啦
眼睛上方有着漂亮的红色突起。

第6话 草莓的悲剧①

十五年前
轰隆隆……
轰隆隆……
草莓，早上好！
砰
咚！
实习生
海堂

咕啊
今天好热啊。

异特龙
（兽脚类）
身长 9—12 米 体重 2—3.3 吨

你今天也很
有精神呢。

咕噜

哇啊！
掉落
摇晃……

砰——

笨蛋！
我不是跟你说
了不要搞出太
大动静吗！
嘎啦
嘎啦
对不起。

草莓有些神经质，胆子又小。
它要是被吓到，很有可能会陷入慌乱。
咕

拍
没事哦。
没什么好怕的哟。
咕噜噜噜……

哎呀哎呀，你好可爱好可爱呀。
饭饭马上就好了，再等等哦。
……

好了，你把粪便和干草运走。
我来准备饲料。
变脸真快，吓人。
好、好的！

哐当

铲

嘿。
哟。

喘气……

哈欠……

喂，海堂！

草莓的饲料我少拿了一盒。
抱歉了，你帮我再去拿一盒吧。

好的。
可是我去的话，这里就只剩下山贺哥你一个人了……

没事的。
面对大型恐龙必须两人一组行动的原则，不过是书面规定。
草莓这孩子又不会攻击人，
我都照顾它这么多年了。

可那是规定……

你只是个实习生，别跟我顶嘴。
我说了没关系，你只管去做就行。

嘎啦
嘎啦

门锁好了！
指

知了——
……
知了——

轰隆隆隆

轰隆隆隆
咔
咔

不好意思——
滚动
滚动

我们之后还要进入内侧施工。
知了
知了
好的，我知道了。

按照惯例，一侧门要开时另一侧的门得关上。
你要开门时一定得跟我们说一声。
沙沙
沙沙
好的。

ガラーン！
※ 哐当
惊

注意点啊！你下来时动静就不能小一点吗！
说过那么多遍了为什么不听啊！
抱歉。
头盔也给我戴好了！

知了——
知了——
锁好了。

知了——
嘎啦
知了——
嘎啦

后门已上锁。
指

抱歉！我回来晚……
嘎啦啦

晚了……

嘎吱
呼……
呼

山贺……
哥……？

抬脚

哈
惊

紧急按钮
按！

ゆ

ガラララ…
※ 嘎啦啦啦

ゴッ
※撞
メキ
※后退
メキ
※后退

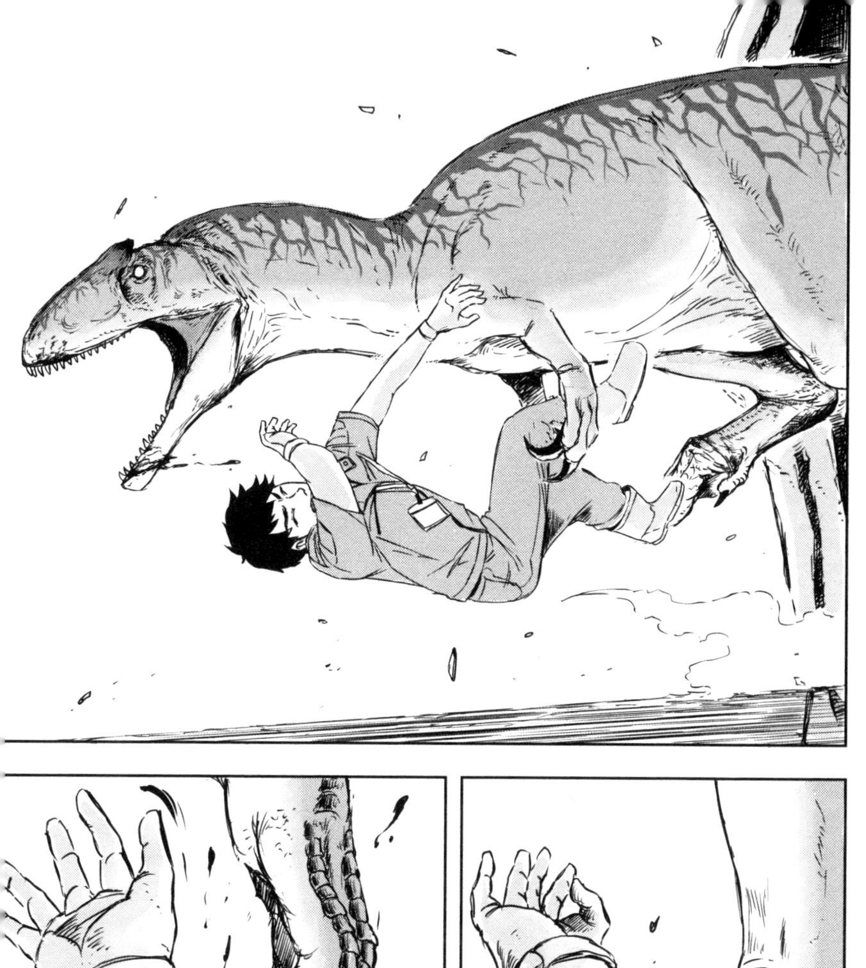
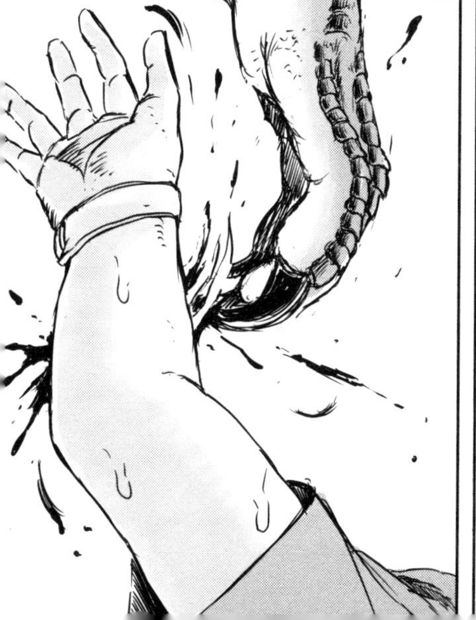
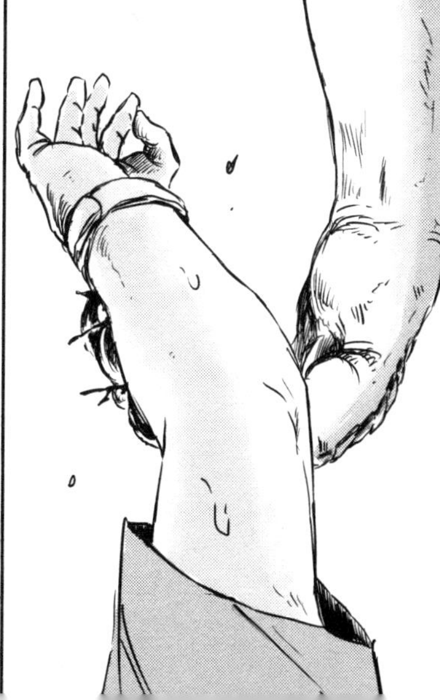

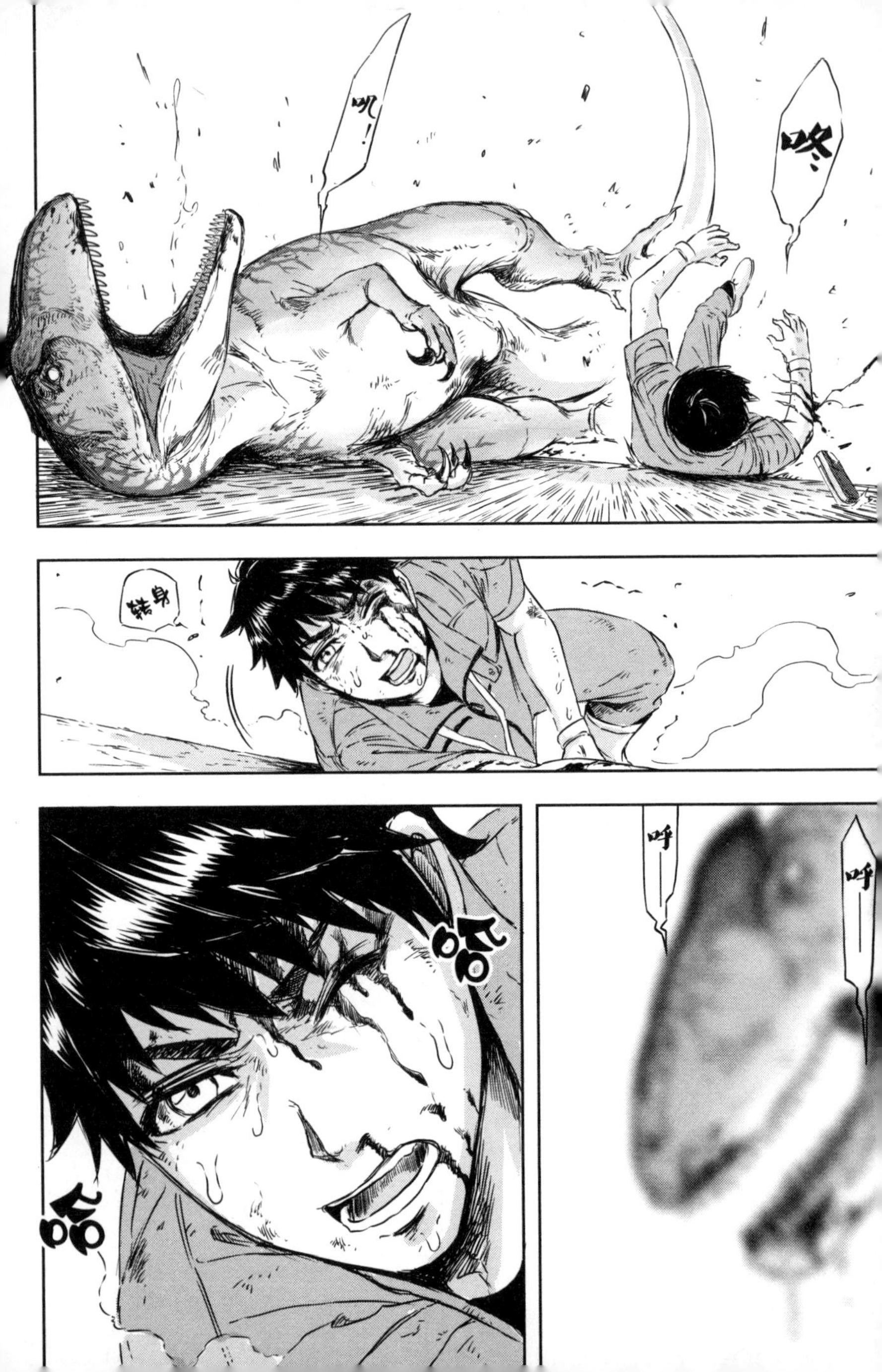

咚、
吼！
转身
呼——
呼——

摇晃……
咻——
咻——

咻——
咻——

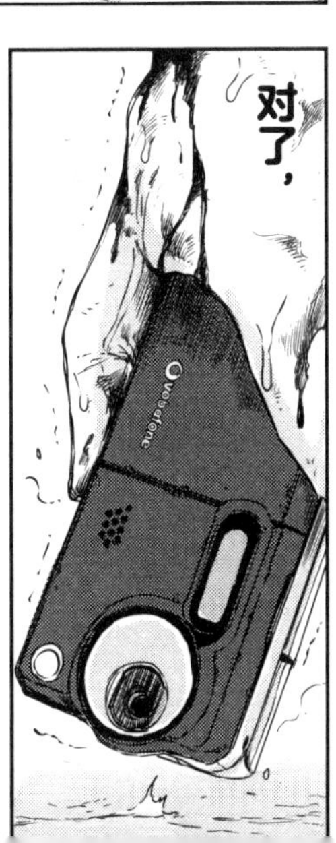
对了，

我得赶紧汇报。
草……

草莓它……
咳咳……

草莓逃走了！
它现在……
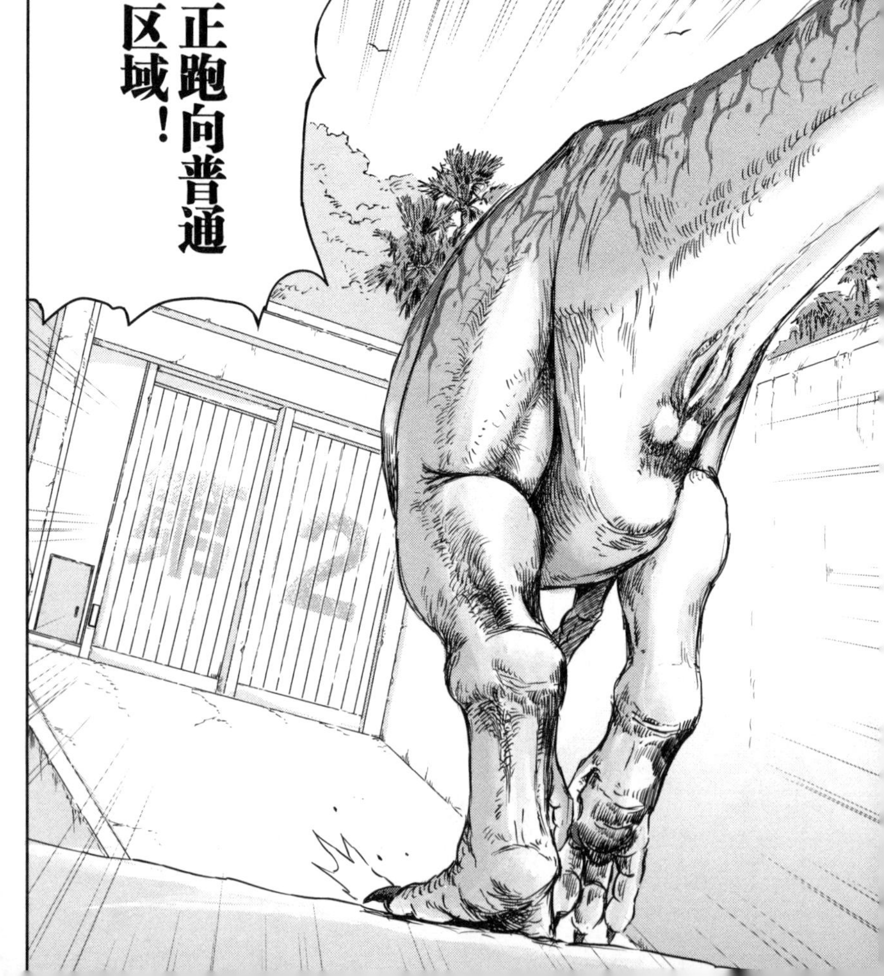
正跑向普通区域！

档案 06

恐龙老师的恐龙实验室研究日记
户籍居然变了?

生物被赋予的学名是由“属名”和“种名”构成的。比如人类的学名是人（*Homo*）属的智人（*sapiens*）种，合在一起就是智人（*Homo sapiens*）。

异特龙属（*Allosaurus*）中的脆弱异特龙（*A.fragilis*）是代表该属的模式种。至今在北美发现的异特龙化石几乎都被认为是脆弱异特龙种。在北美莫里逊组中曾挖掘出异特龙化石。而地层中年代更为久远的部分里发掘出的化石与脆弱异特龙的标准模型相比，角要更大、颧骨的线条也更直。为了将其与脆弱异特龙作区分，2020 年詹氏异特龙（*A.jimmadseni*）种就被确立了下来。迄今为止发现的异特龙化石中有不少被重新归为詹氏异特龙，特别是一些保存状态完好的化石。提到异特龙时你脑内浮现的异特龙模样，也许就是詹氏异特龙。

来，让我们深吸一口气……再吐出来。我们吸气时会用到肋骨和横膈膜，就像用胶头滴管取液一样将空气吸进肺部。吸入肺里的空气中的氧气向血液中移动，血液中的二氧化碳同时也向肺中的空气移动，这样就实现了气体交换，这就是“外呼吸”。这之后我们通过压缩体内的空间进行呼气，此时，我们是不能吸气的。也就是说呼气和吸气是不能同时进行的。

但是，鸟类无论在吸气还是呼气时体内都能够持续进行气体交换。这其中的秘密就在于鸟类肺部前后的前气囊与后气囊。鸟类吸入空气时会将空气分为两股。一股进入后气囊，空气中的氧气暂时不被消耗。而另一股会通过肺部，氧气与体内的二氧化碳进行气体交换，接着这股空气会进入前气囊。接着当鸟类准备呼气时，后气囊中满载氧气的空气会进入肺部进行气体交换，再与前气囊中的空气一起被呼出体外。因此鸟类无论是在呼气时还是吸气时都能发出声音，就像口琴一样。

学界认为，鸟类演化前的兽脚类、龙脚形类应该也具备这样的气囊。它们的脖子、身体中脊椎骨的许多凹陷处都有气囊，帮助它们呼吸、维持体温、使它们的身体更为轻盈。所以，在兽脚类大口吸入空气时，它们的躯体和脖颈根部可能会膨胀起来。

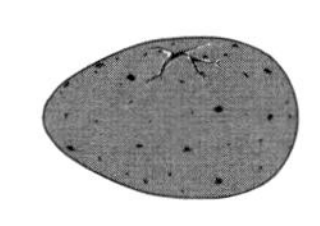
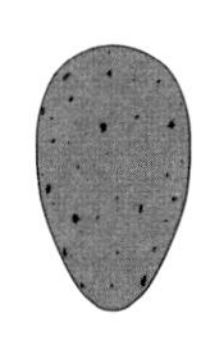

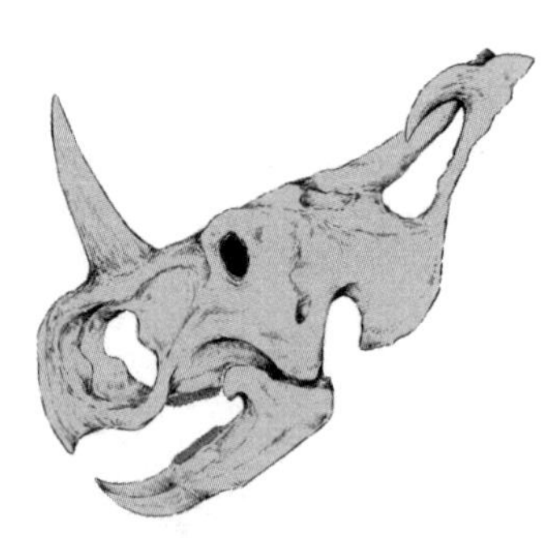

DINOSAURS SANCTUARY
恐 龙 庇 护 所

ビーッ
※哔
EMPIRE
ビーッ
※哔

在哪里？
在二号门！

狙击班各就各位！
快！

第7话 草莓的悲剧②

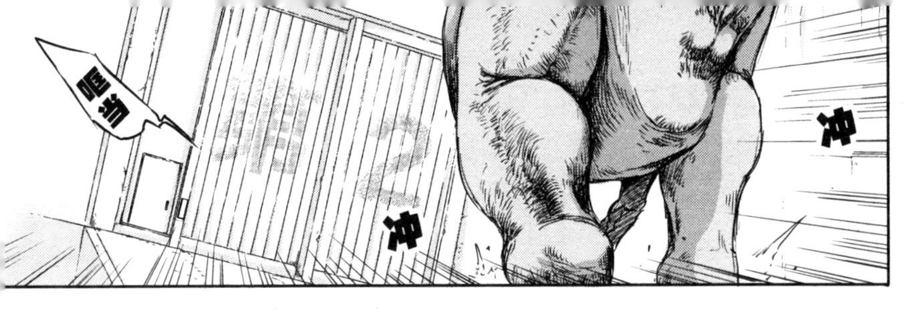
哐当
冲
冲

嗡嗡嗡嗡嗡嗡
门怎么开了！

!!

快关门！

哇啊！恐龙？

按
按

砰
砰
砰

ガシャア
※冲出

咻——
咻——

嘎吱嘎吱

嗷嗷……

啊——
快去对面！
啊——

这边！
哇——
啊——

嗷
嗷
嗷
啊——
别推我！
啊——
快点！

哈
哈
缓慢……

砰
哈
哈
嘀

转头

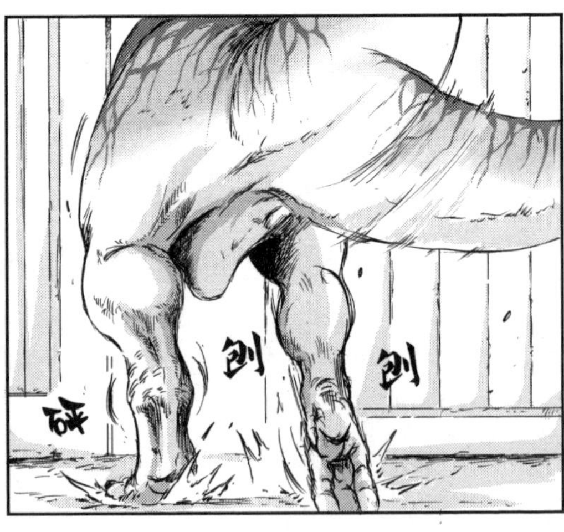
刨
刨
砰

咔
咔

那时折断的肋骨
夹进了肉里。

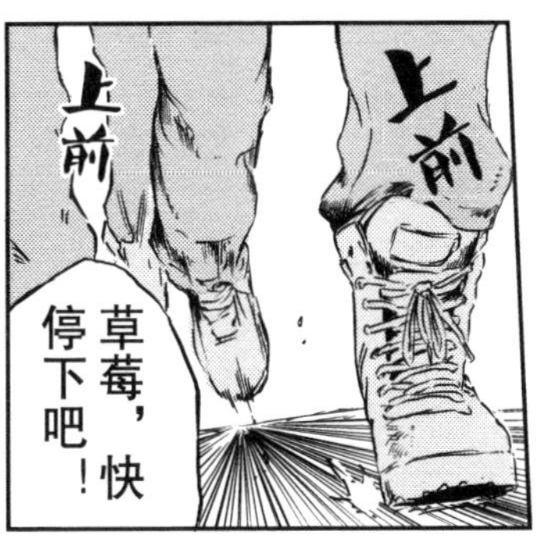
上前
上前
草莓，快
停下吧！

别动了！

你再继续挣扎的话——

别靠近了！

射杀许可下来了。

你们随时都能开枪。

明白。

转

啪——

知了——
知了——

知了——
知了——

唳……

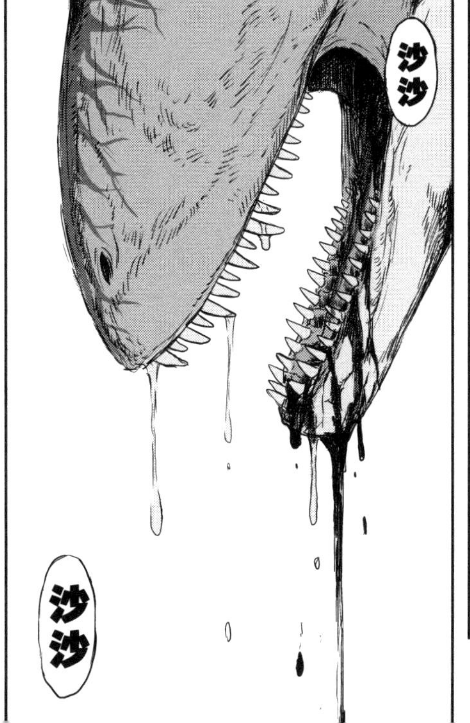
沙沙
沙沙

知了——
沙沙
沙沙
知了——

根据安全检查委员会的调查，
山贺哥经常疏于给栅栏上锁。

而草莓受到施工声的惊吓，从那扇门逃走了。
哐当！
惊

幸好没有游客受伤。
但是各个媒体都报道了这起惊天事故，

欢迎来到
江之岛恐龙园
针对恐龙园的谴责铺天盖地，
我们只能停业了。
休园通知
感谢您一直以来的支持。
我们将暂时休园整顿，
再开时间待定。

但那起事故的本质，

恐龙之墓
是因为人类没能把握好与动物的距离。

他一直像对待朋友一样对待草莓，
认为自己与草莓相处多年，都相安无事。

这份傲慢为他招来了死亡。

恐龙不是怪物，

但也不是用来疼爱的宠物。

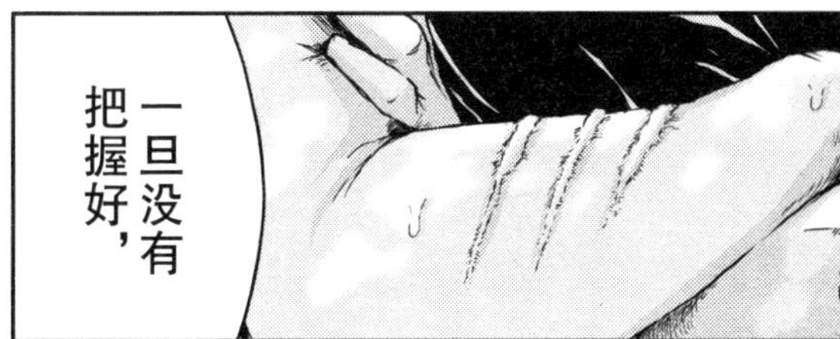
我们与各种生物之间，都有着需要保持的距离。
一旦没有把握好，

人类就会面临生命危险。
禁止入内 KEEP OUT

不管设施有多么坚固，
稍不注意就会导致事故发生。

如果我那时敢于反抗山贺哥，遵守规定，
或者我回去得再早些就好了……

我无数次后悔，
也想过放弃当饲养员。

但我还是没有辞职。
因为我觉得，身为饲养员的我若想为这件事负责，
不让同样的错误再次发生，才是最好的做法。

但是就结果来说，
是那起事故将你的父亲逼入了绝境。

就算道歉也无济于事，但，我还是要说，

对不起。

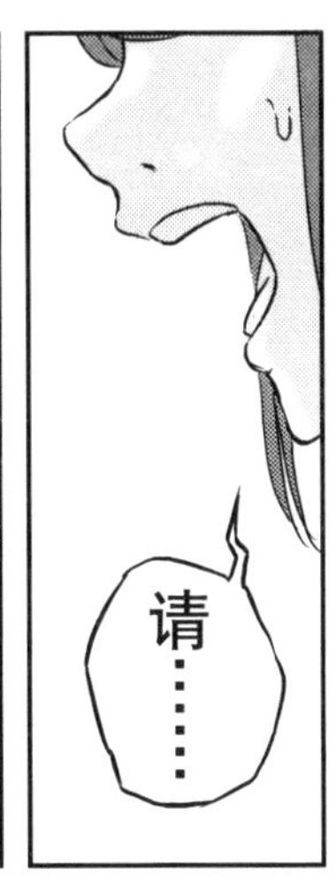
请……

请别这么说！

湘南新闻
8/1
恐龙逃走！
逃走的恐龙被警卫队射杀
吃人的恐龙
或因饲养员未上锁导致悲剧发生
基因编辑导致的悲剧
论说
确实，我的父亲作为研究者，在事后受到了世间的非难。
最终他了结了自己的性命。

但那并不是海堂先生的错。

说实话，
那之后有段时间我也对恐龙避之不及。

但随着我长大，
我经常能回忆起与父亲在一起时的场景，

每每这时，
我只要一想到人们已经不再喜爱恐龙，

燃烧的煮鸡蛋
恐龙园被说成是地狱园，笑死。
小敦 @aaaatszzzz-4 分钟前
恐龙园和恐龙都完了吧 www
凹凸曼 @hekonega1007-6 分钟前
恐龙园是发生死亡事故的那地方吗？
就会觉得难以忍受。

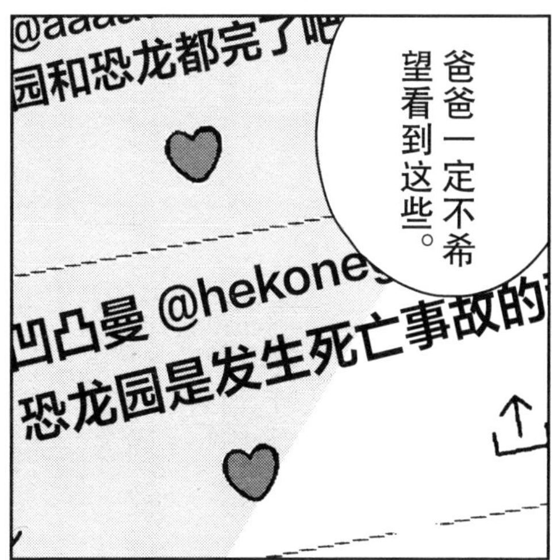
爸爸一定不希望看到这些。
园和恐龙都完了
凹凸曼 @hekone
恐龙园是发生死亡事故的

当然，我并不否认他的研究与事故的关联。

我也理解不知火先生的意思。
了吧。
这些是我的责任，别朝这家伙乱发火。
基因编辑诞的恐龙本就法长寿，
它们此时此刻仍活在自私的人类的支配之下。
这一切的元凶就是你的父亲，
虽然我不知道他为什么会做这种蠢事。
但说到底真的有这里工

但我还是不打算辞职。

虽然这份工作比我想象得要艰难很多，
也净是些无法如愿完成的事，

但我每天都乐在其中，
越来越喜欢这份工作了……

同时我也切身感受到，

恐龙园里有我所期盼的，

人与恐龙的未来。

哎呀，东扯西扯说了这么多，
但我最想说的是，

我果然，
真的很喜欢恐龙。

所以……
请你不要道歉。

嘎嘎嘎嘎嘎嘎

咚
什么？由我专门照顾？
咚

嗯。我已经跟海堂提过了。
咚
咚
如果你愿意的话。

您的意思难道是？

没错。

开门

酣睡……
它就是第一只由你负责的恐龙。

档案
07

恐龙老师的恐龙实验室研究日记
悲剧背后的专业技术

脊椎动物的身体里有着绵延的中枢神经，从后脑勺经过脖子一直延伸到尾部。它像一根绳子串起了"颅底""颈椎""胸椎""腰椎""尾椎"。头骨内部的中枢神经是脑，从颈椎往下的中枢神经都是脊髓。

不同的动物，大脑的大小各不相同。从上往下看哺乳类动物或是鸟类的头骨，双眼的洞（眼窝）的后面是后脑勺，后脑勺上有一左一右两个颞颥孔。大脑就装在这样的颅骨里。但我们从上往下看恐龙的头骨时，会发现颞颥孔开得很大，这说明用于拉动下颌的肌肉占了很大空间，但同时颞颥孔之间留给大脑的空间又非常狭窄。

鼻、眼框、眶前孔、颞颥孔……兽脚类恐龙的头骨上洞还真是不少啊。从洞里甚至可以看到头骨的另一侧。作品中狙击班的子弹便是穿过了恐龙头骨上的孔，一击使其毙命。从头顶瞄准左右颞颥孔之间的中线进行狙击的话，就能精准射中恐龙小巧的脑部，也可以防止子弹从满是孔的头骨中穿过、打中无辜的游客。这应该是专家才能做到的事……

说起来，詹氏异特龙（*Allosaurus jimmadseni*）的化石中有几例的骨头曾发生过病变。其中一只恐龙左侧的肋骨与肩胛骨有过骨折，之后骨折以一种奇怪的形状愈合了。可以推测这只恐龙虽然幸存，但它剩下的日子应该饱受伤病带来的折磨。异特龙以外的兽脚类恐龙化石中也有不少肩胛骨、肋骨骨折的例子。真希望它们走路时再小心一些，避免受伤。

在上一回的专栏中我有提过，对于兽脚类恐龙来说，它们的肋骨类似鼓风机，在呼吸的过程中担任了重要的角色。一旦肋骨骨折，脚兽类恐龙每进行一次呼吸都会十分痛苦。

如果要与大型兽脚类战斗，我们该如何去战斗呢？我的话应该会尽量设法使它们摔倒，最好能摔得肋骨骨折吧……不过一看到它的后肢，我就在想，就算我运气好悄无声息地来到了它的身旁，应该也绊不倒它吧……心情便有些绝望。也许成功逃跑才是真正的胜利。

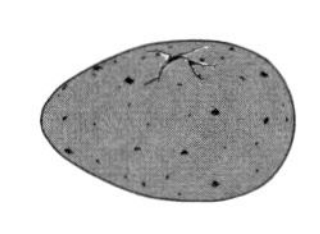

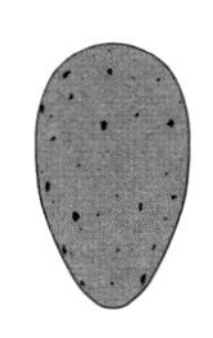

DINOSAURS SANCTUARY
恐 龙 庇 护 所

由我……
酣睡……
负责的恐龙。

但是呢，
时间只有两周。

嗯？

你还记得吧？

第8话 窝里横的弁庆

*印随行为：指刚出生的动物将第一眼看到的会动的物体当作是父母的行为。

三天后
它已经完全把你当成妈妈了啊。
多谢您的夸奖……
没在夸你！
害羞
不过，
弁庆能平安出生，真是太好了。
啾
尼可放弃孵蛋的时候，
我还担心要怎么办才好呢。
它的体型比哥哥姐姐们要小，
不知道会不会受欺负。
啊，好了。别动别动！

如果它因此无法顺利融入集体，就只能送去研究所了。
什么！那怎么行！
没办法啊。
如果它无法顺利融入，那就需要单独的恐龙舍。
我们可没钱再造一个。
这我知道。
我虽然理解，
但是……
绝……
绝对不行！

是吧，弁庆！
啾
你是小孩吗……
别急，就算要送去研究所，

也不会是现在。
呜哇哇哇
叽
园长！
不愧是您！

不过，两周后还不行的话就放弃。
另外，晚上和休息日你要把它带回家。

最近它到处找你，晚上叫得很厉害。
啾
?
因此它也很疲惫，没法好好进食，体重掉了不少。

这些你若都能承受的话，
我就把它交给你。
好！
当然没问题！
……
真的没问题吗？
没事的。
须磨这种类型的人啊，
跟她说再多都不如让她实际体验一下来得快。
万事都是实践出真知！
嗯，确实没错。

好嘞！笼子也准备好了。

弁庆！

别怕哦，
来，出来吧！

啾

呼
好可爱！
打滚
打滚
我的家里，
有只恐龙！
但也不能强迫它出来，
就先让它在里面待着，等它习惯环境吧。
对了，我要趁现在洗个澡。
门窗都锁好了，没问题！
咚咚咚……

咦？

POON

啾

啊！这个我还没来得及看呢！
?

怎么会！
在园里的时候还那么乖巧！
新恐龙异说

噢，该喂食了。
起身
嗯……鸡肉切得碎一些。

哇——！
哗啦
哗啦
碎

快停下！
哗啦
碎

啪嗒啪嗒……
掉

啊啊！手机裂了！
等等！
擦眼睛
好冷！
甩
甩

熟睡——
熟睡——
哈。

POON
它终于睡着了……

对了，我还没吃上饭。
哈……

怎么办，不能叫醒它，我也不能动。
酣睡
酣睡

不知道冰箱里还有什么。

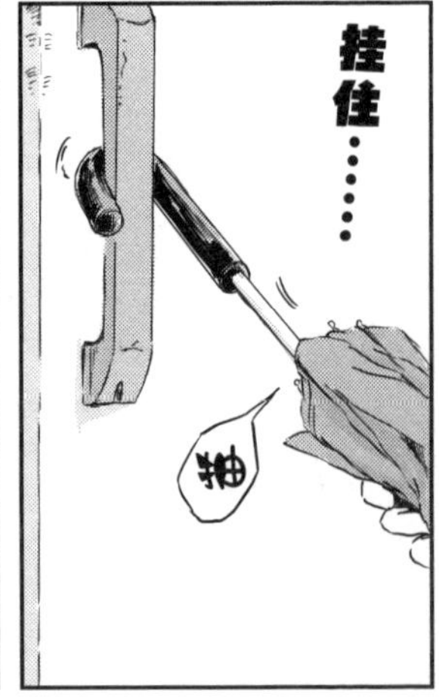
挂住……
抽

糟糕，今天本该去买菜的……
空荡荡

嗯？

不是不是，
你刚刚不是吃过饭了吗！
吼

继续睡！继续睡！
啊！

哗啦啦……

ズーーン
※消沉

喂，没事吧？

没事啊，
……
而且我很幸福哦。
哈哈哈……
其实她只睡了三个小时左右。

弁庆只要一到家就开始玩耍，四处折腾。
啊！把泡芙还给我！
♪
不过为了避免弁庆运动不足，也不能总把它关笼子里。

它很能吃，
来，张嘴！

大口
大口
身体也长大不少，

但还是不太能融入集体。

每天夜里都从笼子里跑出来，跑个不停。
真是的！你让我休息一会儿吧！
哒哒哒哒……
哒哒哒哒……

睡觉时就好好待着！
我会陪着你的！
咚
砰

喜欢的连衣裙被它啃坏了，

金鱼也都被它吃了。
空空……

嘎！
弁庆！妈妈现在在吃饭！
你别捣乱哦！

住手！喂！
呀！
滑倒
跑跑……

哈哈哈。
大便

げっそり
※消瘦

……
抱歉，你说转筒什么来着？

这是转筒喂食器，
转得好的话洞里会掉出肉，
可以刺激它们的觅食行为。

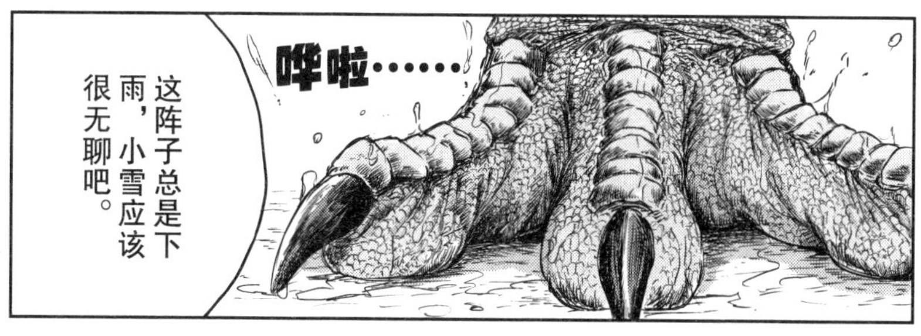
哗啦……
这阵子总是下雨，小雪应该很无聊吧。

滴水
吼吼……

好，你去把那边的肉拿过来吧。
转
啊，好。
转
摇晃……

呀！

沉——默
……

喂，没事吧？
上前

不好意思，
抽泣
我有事。

……

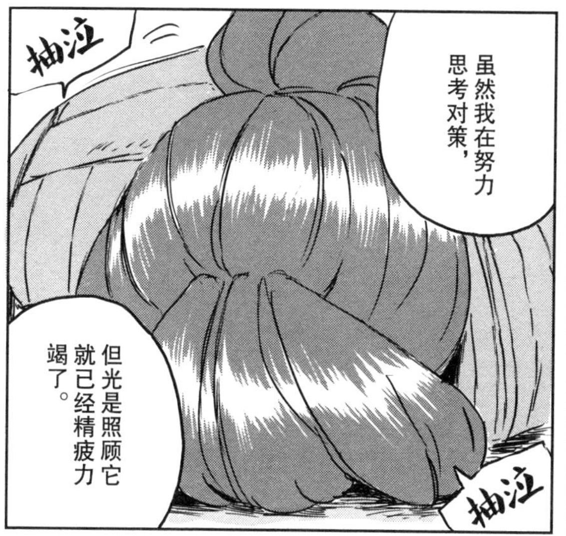
虽然我在努力思考对策，
抽泣
但光是照顾它就已经精疲力竭了。
抽泣

你今天就先下班休息吧。
弁庆我来照顾。
拍

可是……
你这种精神状态来工作太危险了。
这是上级的命令。
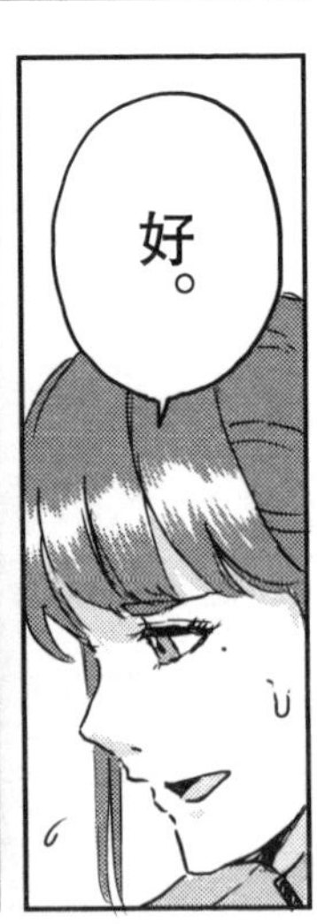
好。

须磨。

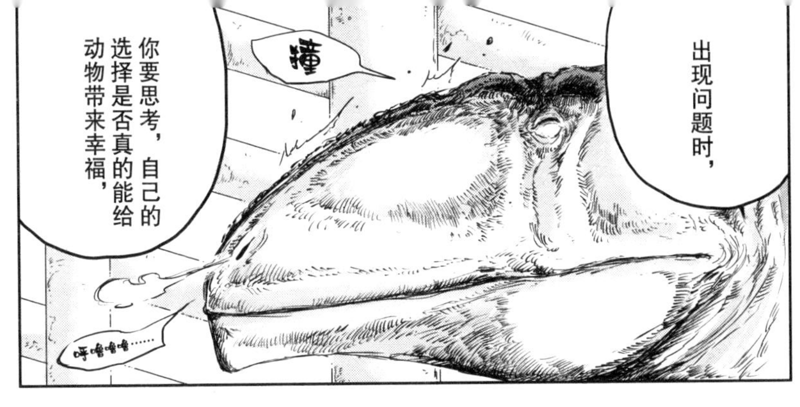
出现问题时，
你要思考，自己的选择是否真的能给动物带来幸福，
撞
呼噜噜噜……

能否最大限度地让它，
发挥出自己潜在的能力。

边观察恐龙，边思考，边行动，
这是我们饲养员的工作。
这一点绝对不能忘。

哗啦啦啦……

这孩子，作为动物的生存能力……

说起来，我光顾着考虑自己了。
还是老样子，待在园里就特别老实……
Zzz
都没能好好观察这孩子呢。

明明不认真观察就无法了解它。
哈欠
为什么只有它被排挤了呢。

啊！

伯伯

嘀嘟嘟嘟……

嘟……
嘟……
咯——
哦！小雀！怎么啦？
咯咯——

鸡叫声太大了，我听不清你说话。
咯——
啊，抱歉。今天是送货的日子。
咯咯——

你还顺利吧？
走
走
啊，嗯。我想问问，

我们家的养鸡场……
咯——
咯咯——

有的鸡不是会被同伴排挤吗？
被啄到角落一动不动。

它们为什么会被排挤呀？

是因为它没有自信啊。

总是一副害怕的样子，所以才会被欺负哦。

吃不到东西，越变越瘦。
咯咯——
咯咯——
恶性循环。

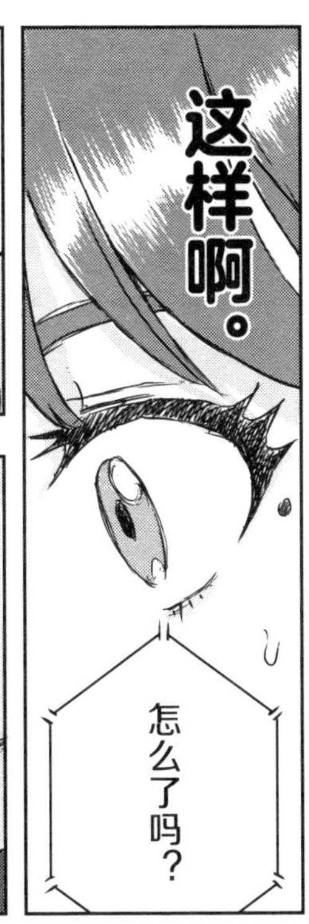
这样啊。
怎么了吗？

没事！我就问问。
谢谢！

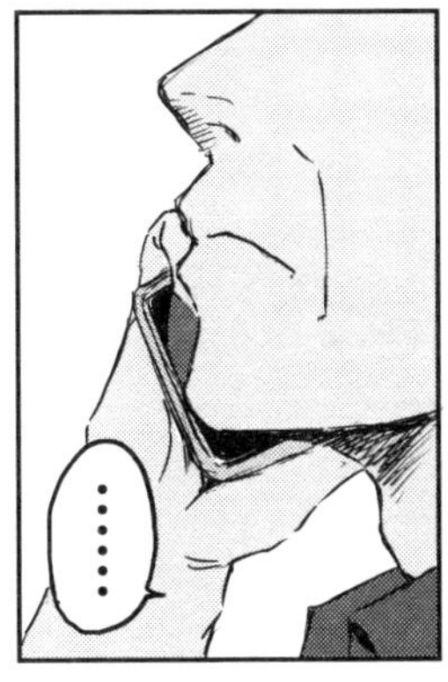
……

小雀，你还记得吗？

你小时候，每到运货的日子，
就抱着鸡在角落不肯动，说它好可怜。记得吧？

有这事吗？
虽然那时候骂了你一顿，

但我在心里默默感叹，真有你的作风呢！

我要挂电话了哦！
等等，今年过年回来吗？
我很忙，可能回不去。
我以后再给你打电话。
那……
拜拜！
挂

这样啊。
弁庆没有自信啊。

所以它在恐龙舍的时候那么胆小，
到了我家安心下来后就有精神了。

或许只要帮助它产生自信，
它就能回到群体里了。

振作点！
拍

因为我，
是它的妈妈！

档案
08

恐龙老师的恐龙实验室研究日记
恐龙的正确画法① 初级 · 如何画头

让我来告诉大家，当我绘制恐龙的复原画、或是担任相关技术指导的时候会注意的要点吧！

第一回的主题是如何画头（初级）。我们怎样才能“正确地”画出恐龙的头部呢？很简单，实实在在地照着恐龙骨骼的照片画就好！如实按照骨骼来画，这是大前提。因为恐龙与哺乳类动物不一样，头骨外侧几乎没有什么肉，所以恐龙头骨的形状几乎与它真实的脸型一模一样。恐龙的头部应该是最好画的。你说“这是当然的”？那电影里登场的恐龙的头部有多少是忠于现实的呢？如果将它们与实际的恐龙头骨进行对比，相信你会有不少发现。

无论你随手画的恐龙有多好，都一定不如按照实际恐龙头骨绘制的图“正确”。因此在选择参照图片时，尽量选择一些较为权威的头骨照片吧。如果参照他人绘制的头骨画像，其中可能会包含绘制者的个人解读，很难把握头骨的立体感。所以绘制时尽量找一些实际发掘出的化石标本照片，或是按照化石形状制作的复制品照片吧，最好有多个角度可供参考。不过需要注意的是，博物馆里展示的恐龙头骨中，有一部分是不够完整的，研究者们是通过推测将其复原的。但若想区分头骨中人造和原本的部分，则需要查阅该化石的相关论文，想要熟练的区分更需要一定训练。

以上的做法无论是谁都可以进行实践，能最低限度地保障绘制的正确性。而头部骨骼以外的头部组织，还有着诸多的不确定性。比如，该怎样复原不会留存在化石中的软组织呢？不过头部的肌肉倒是意外地容易复原。但是绘制的时候要注意，头部的太阳穴、脸颊两侧是有肌肉覆盖的，其形状还是会与头骨的形状有所差别。假如头骨表面没有肌肉，恐龙就无法做出例如威慑一类的表情了。不过巩膜环这类骨骼还在原本位置的话，就可以借此来确定恐龙的眼睛，在头骨上名为眼窝的大洞里了。

另外，还有许多难以弄清的事。比如恐龙皮肤角质的厚度、腭部褶子的形状等。还有恐龙的嘴，嘴是不是能完全包裹住牙齿呢？但这样一来双冠龙、异特龙的下颌就会被上嘴皮完全包裹住。嗯，那样也说不定挺可爱的……不知道究竟哪个才是正确答案。

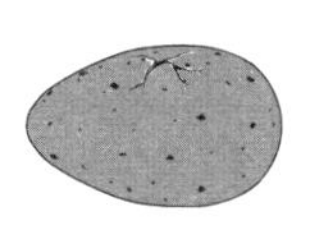

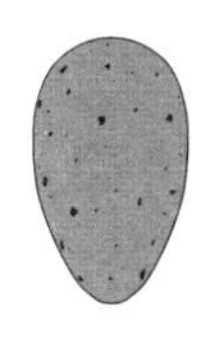

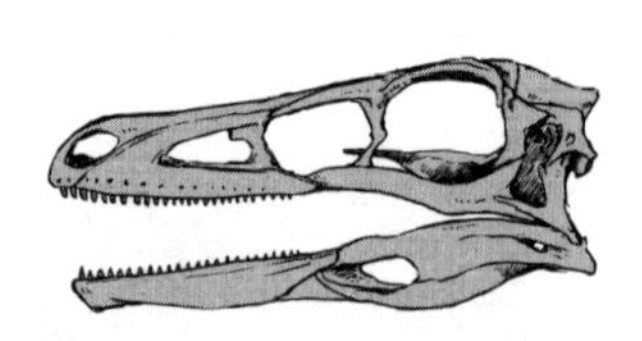

DINOSAURS SANCTUARY

恐 龙 庇 护 所

产生自信……

但是该怎么做才好呢。
人类的话，可以通过练习特长……

铛铛
铛铛
弁庆擅长的事……

咔嚓
咦？

嘎吱……
♪
咻——
晃……
它居然……
自己把锁打开了？
跳
弁庆！
啾
你就是这样跑出来的呀！
啪嗒

第9话
窝里横的弁庆 ②

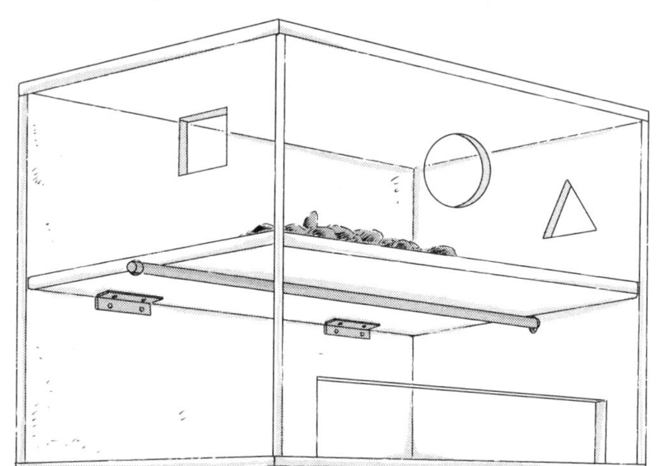

知了——
知了——

这是……
请看！

这是立体拼图型喂食器！
名字叫作义经！

构造很简单，
箱子中有干粮，

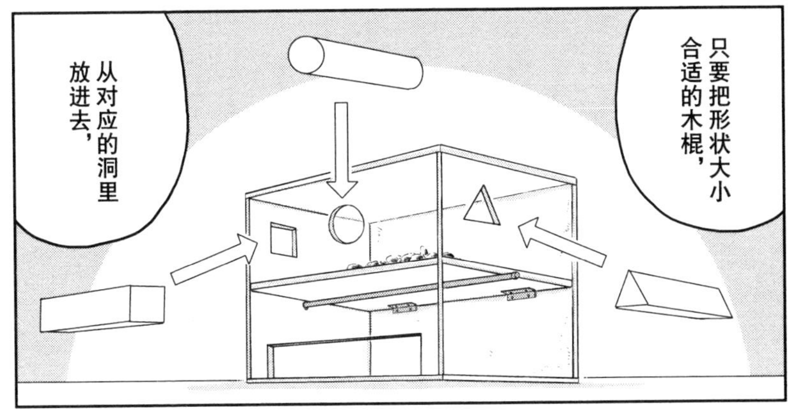
只要把形状大小合适的木棍，
从对应的洞里放进去，

木棍的重量就会让木板倾斜，
啪
晃晃
晃晃

从而获得干粮！

其实我是因为弁庆的某个行为，才专门为它做了这个。
你们看这段录像。

这是我们第一次用义经玩耍的时候。

我先给它做了示范。

盯……

做了两三遍给它看之后，
再把木棍递给它……
叼……

哇哦！
塞

它只观察了几遍，
就理解了义经的构造。

据说伤齿龙类是智商最高的恐龙，
而弁庆的学习速度，相比其他伤齿龙明显更快。
不过这只是我的感觉，也不能确信……
但至少它做了好多遍也没厌烦，
它很喜欢需要动脑的游戏！
我觉得这是弁庆的特技！

原来如此。
你想利用这点做些什么吗？
嗯！
弁庆被排挤的原因，
是因为他身形比较小，缺乏自信，
它的行为也表现出了这一点。

所以我想，能不能让它在同伴们面前展示这个项目，让它获得自信呢？
说不定会成为它融入同伴的契机。

确实，它们的体格已经差不多了。
在玩的过程中或许能跟同伴们多交流呢。
值得一试！
知了
知了

去试试吧！
没问题的！
紧张
紧张

咕咕
啄
啄
啾
加油！弁庆！
啾
啾

嗦
转

其他的恐龙似乎不知道该怎么做呢。

……

站

紧张……

咚
转
转
吐——
转
……
滚动……
小步
小步
跳
叼

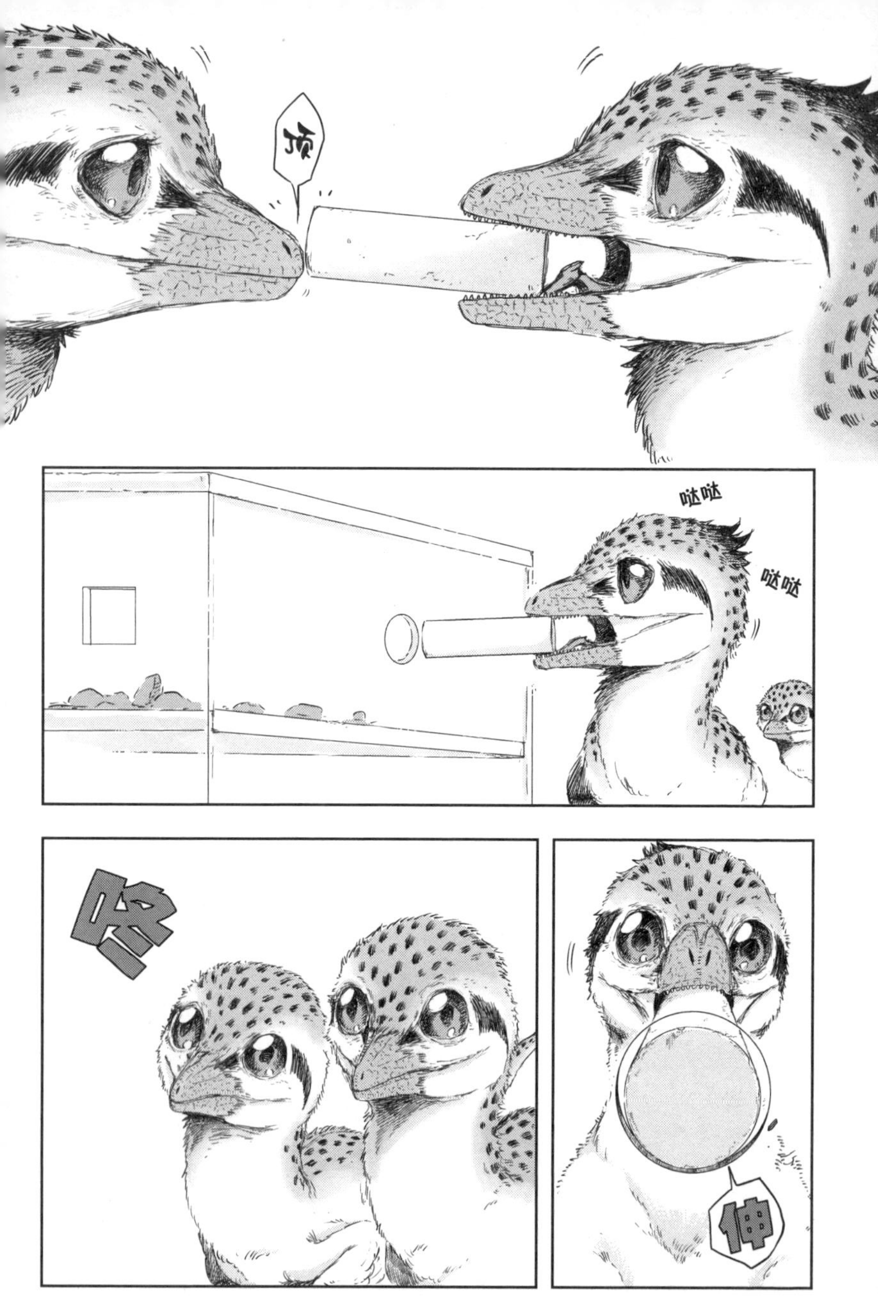
顶
哒哒
哒哒
咚
伸

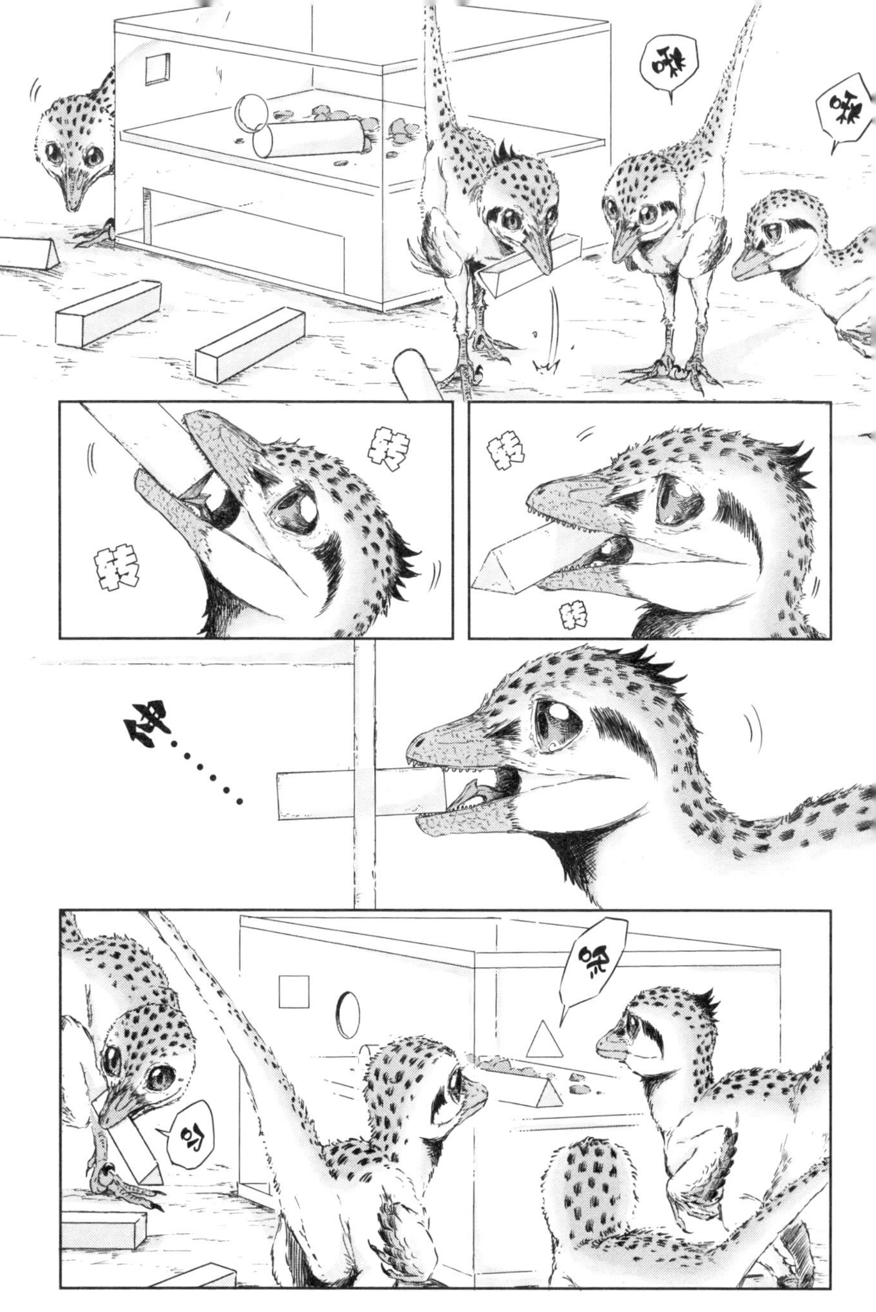
咻
咻
转
转
转
转
伸……
叼

撞
撞

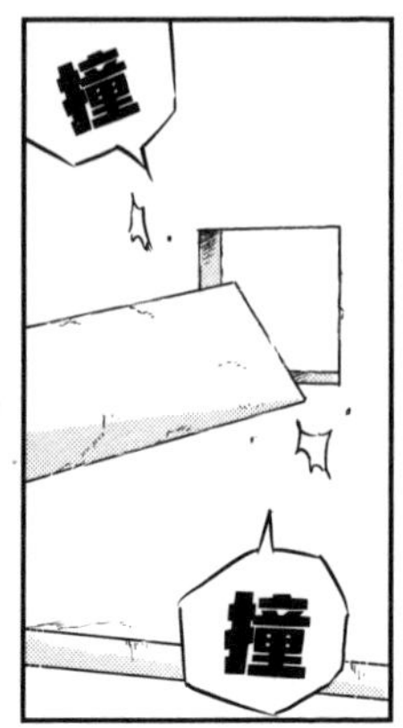
撞
撞

滚动
滚动
掉

叼

嗅
嗅

伸

哔哔哔……

倾斜

掉落
掉落

低头……

喳~喳~喳~喳~喳~喳~……

?!

喳
喳
喳

喳
冲冲……
弁庆！
喳喳
划

哗啦啦……

到头来它还是没能融入集体，
到明天就刚好两周了……

自己的选择是否真的能给动物带来幸福，
能否最大限度地让它，发挥出自己的能力。

这一点是决不能忘的。

弁庆！

咕啊

知了
海产品
知了——
知了——
知了

海堂先生。
上前……

我有些话想跟你们说。

……

把它送去研究所？

没错。

我的父母去世后，我是由叔叔阿姨养大的。

所以我下意识认为，孩子就该待在父母身边，
那对于它来说才是幸福。

但是……
我重新思考了一下。

弁庆有着它独有的能力，
所以我认为发挥出它独有的能力才是最重要的。
如果研究所能做到，
那把它送过去才是最合适的。
这样啊。
虽然名字叫研究所……

但那里除了饲养之外，
还是一个靠智力测试来观察它们的地方。

设备也比我们这里齐全多了。
弁庆过去应该会很开心吧。

好的！

嘴上这么说着，
小雀她……

没事吧？
是不是在
逞强呢。

不，从她的眼神可以看出，她在好好地面对现实。

看来这两周，她确实成为了一位合格的母亲。

呵呵
而且，就算她非常失落……

知了——
知了——
知了——
知了——

好好吃。呜呜呜……
只要她还能大口吃饭，就一定没问题。
知了——
知了——
香浓！
好茶

档案 09

恐龙老师的恐龙实验室研究日记 越狱的绝密小技巧

伤齿龙科中有不少蹲姿的化石，如中国鸟脚龙、寐龙的化石。特别是寐龙，把身子蜷成一团、枕着上臂入睡的姿势十分引人注目。伤齿龙科中的多数恐龙有着纤长的后肢，膝盖甚至能伸到腋下，和股关节到膝盖（大腿）的、身型短小的鸟类不太相同。这些恐龙双手环抱膝盖坐着的样子十分可爱。身上覆满羽毛的伤齿龙，睡觉时头发会不会被压翘呢?

生活在树上的鸟类，其爪子的拇趾与其他脚趾的朝向不同，表现出拇趾对向性。这样一来它们抓树枝时就会很方便。啄木鸟、鹦鹉不仅拇趾朝向不同，第四趾的朝向也是向后的。

兽脚类朝着鸟类演化的初始阶段中，它们后肢的拇趾与其他趾朝向本来是一致的。但到了进化为兽脚类中的近鸟类（*Paraves*）分支后，拇趾的朝向逐渐就与其他趾头变得不一致了。伤齿龙科也包含在内。漫画中描绘了弁庆抓着栅栏，企图用后肢打开笼子逃跑的场面。正是因为它后肢的特性才使得它拥有如开锁师般的高超技艺。

那么它们的手究竟有多灵活呢？手盗龙类（*mani*= 手，*raptor*= 盗贼）包含了近鸟类、窃蛋龙类、镰刀龙类等。从“手盗龙类”这一名字就可以知道，它们的手腕很灵活。电影《侏罗纪公园》中还有它们用手拧开门把手的场面……不过很遗憾，实际上它们应该很难做到这一点。恐龙基本上都无法扭动自己的手腕。手盗龙类的手腕骨头有着半月形的滑轮构造，能够将手腕往特定的方向转动。但也只像手刀一样朝着手掌所在的平面转动，无法朝着与手掌垂直的方向转动。这一特点也被鸟类继承了，只要转动鸡翅膀估计就能理解了。大家觉得弯曲的鸡翅膀能转动门把手吗？不能吧。真是给“手盗类”这名字丢脸了啊。

麝雉这种鸟在幼时便可用手指尖的指甲抓住树枝爬树。它爬树时，手负责抓住离身体较远的树枝，脚则负责辅助，但是能更稳定地抓住树枝主要还是依靠脚。

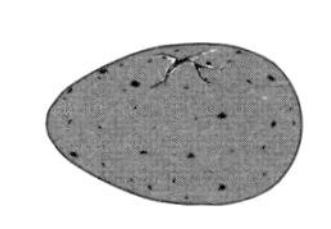

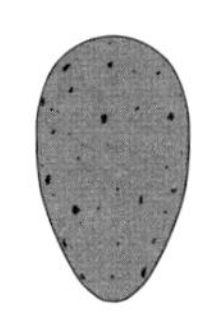

DINOSAURS SANCTUARY
恐 龙 庇 护 所

江之岛站
知了

跑
抱歉，等很久了吗？
跑
没有，我刚到呢！
太好了。那还差泷泽同学了。
啊，他发消息了。

真抱歉，我今天去不了了。
什么？
嘀嘟

喂！泷泽你个笨蛋，来不了是怎么回事啊？
嗯？等等，喂，喂……

怎么办？
今天就算了吗？

这样啊……
泷泽同学来不了了啊……

不过难得来一趟，我们还是进去吧？
如果你愿意的话。

……嗯。

第10话 那个夏日的恐龙园
你是第一次看恐龙呀。
嗯，所以我很期待呢。
知了——
知了——
听说松本同学很了解恐龙？
泷泽说的
还、还好啦！
江之岛恐龙园

瞄

虽然她穿校服的模样就已经很不错了，但便装的样子更可爱啊！
——我在开学典礼上，
还香香的。

对平山同学一见钟情了。

但那之后也只跟她说过一次话。

我们的关系仅此而已，但……

我们下一次一起去恐龙园吧？
你不是喜欢恐龙吗。
喜欢啊，但是我更想一个人去。
平山同学也会来哦。
什么？真的吗？
我邀请她了，她说想去。
猛起身
没办法了，只能我和她两个人一起去了……
ガラッ
※拉开
啊——等一下，等一下，等一下！
我要去。
你不是说想自己去吗？

这就是为什么会变成两个人相处的局面……

但是……

她其实是想跟泷泽来玩的吧？

那家伙是个帅哥，脑子又好，擅长运动、温柔谦和、个子还高……
受欢迎的男人
我也会迷上他的……

给，学生票两张！
江之岛恐龙园
江之岛恐龙园
入场券
1,000日元
学生
1,000日元
递……

售票处
恐龙会馆
江之岛恐龙园
入场费
谢谢！
入场券长这样啊……
呵呵呵……
不想了，难得来一次恐龙园。
请来这边检票！
江之岛恐龙园
ENOSHIMA DINOSAURS SANCTUARY
入口
请等待铃响后开门哦！
来都来了，就要好好享受！
开
好久没来了！
哇哦！

是绘龙！

绘龙属于甲龙科，
全身长满了硬甲，就像穿着盔甲一样！
它们曾经生活在中国与蒙古国的边境。

小绘龙并排睡得东倒西歪的样子特别可爱！
哞

好可爱。

那是肿头龙。
它们会把头撞向对手的头或身体来争个高低！
是吗，它看上去好像戴了个头盔呢。

恐手龙的前爪有些特别，经常会有人把它们误认为是肉食恐龙。
其实它们是植食恐龙哦！

啊！

那种恐龙我见过，
我记得是……

剑龙？
近距离接触
鹦鹉嘴龙
没错！是和异特龙活在同一时代的明星恐龙！
鹦鹉嘴龙很温顺，
哞
所以是最适合人们亲近的恐龙。
它们肚子鼓鼓的，特别讨人喜欢。

我要拍了，看过来！
来，鹦鹉嘴龙！
咔嚓

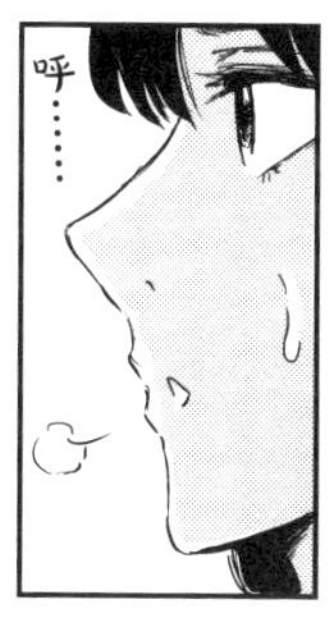
呼……

我话也太多了，全都是我在说……
消沉
虽然我很紧张，但一不小心就开始喋喋不休了，暴露了自己的恐龙宅本性……

抱歉啊……你累不累？

不累哦，我不了解的东西太多了，学到了很多呢。
她好照顾我的感受……
我暂且先闭嘴吧。

知了——
知了——
……

知了知了——
知了——
这样也仿佛置身地狱……
咕嘟
咕嘟

咦，那是什么？

啊！这个之前在SNS上还挺多人讨论的。
我一直想抬抬看呢！
是吗！

没、没问题吗？我看上面写着有五十公斤重。

这种程度对男生来说很轻松的！
我必须得表现一下！

呜！
用力

颤抖
颤抖

※哐啷

50公斤哦！
的来
不行，完全抬不起来……
咕噜噜噜……
哈
哈

什么？

等等，好丢脸，好丢脸，好丢脸！
流汗
流汗
啊啊啊啊啊！丢脸！丢脸！丢脸！丢脸！丢脸！丢脸！

想找个地缝钻进去……

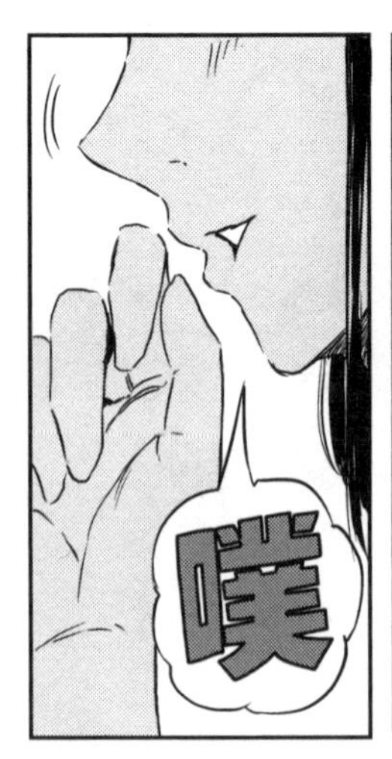
噗

哈
哈
哈
哈
哈

哈哈哈
抱、抱歉。
哈哈……

哈哈哈哈哈哈
哈哈

我们去吃点东西吧！

嗯！

剑龙热狗！
我没来过这里，这是第一次见呢！
用酸黄瓜切片做成的骨质板
尾部突起是炸过的通心粉
甲龙面包！
脆脆的酥皮
里面有蜜瓜奶油
圆顶龙油炸面包好可爱！
奶昔味和巧克力味两种
江之島
元
老字号
夫妇点心
特产
剑龙热狗的口感居然还不错！
嗯，一口下去好清脆呢。
关系真好呀，你们俩。
在约会吗？
要不要来一份尼可维娜的夫妇点心？
刚出炉哦

夫妇点心

……
大步离开
哎呀，怎么了？

江之岛恐龙园恐龙曲奇
人气NO5

とんがりHorn
※妙脆角
墨鱼汁口味
妙脆角
500日元（含税）
波形薯片
450日元（含税）
菊石豆馅糯米饼
6个装
1250日元（含税）

菊石是墨鱼、章鱼的伙伴哦！
是吗！它长得像贝类一样呢！

江之岛恐龙园
原创周边

好大啊！
咚
是刚才的炸面包……
是的，是圆顶龙！

撞
撞
是尖角龙！

它们好像在打架，没问题吗？

没事的！

你们看，它们在用角和嘴推来推去。

其实是为了雌性恐龙起了冲突。
它们最近陷入了三角关系……
呵呵呵……
呼
呼
三角关系？

又壮又黑的那只是大吉，
瘦一些、颜色浅一些的是小吉。
呼
呼

它们后面的是一只雌性恐龙，叫做梅子。
它俩有时会为了梅子起冲突呢。
不是吧，体型差距那么明显，就算打起来胜负也显而易见吧。
如果说大吉是泷泽的话，小吉就是我了。

不过仔细想想，我这样的人怎么可能跟平山同学发展下去……
小吉体型虽然小了一些，
但它的决心可不会输给大吉哦！

最重要的是这个！
敲

啊，快看！

和那时候
一模一样
呢……
平山同学！
上前
摇晃……
给我吧，我
多拿一些！
可是……
没事没事。

好厉害！快看！
抬头
是恐龙！
这形状是什么恐龙呢？啊，鼻子有些尖，应该是角鼻龙吧！
真的呢……

自那之后，每当我抬头看云，
我就会不自觉地开始寻找恐龙……

今天我确实是因为想看恐龙才来的，

但其实呢，

我更想和松本同学多说些话……

感谢各位今日来园，
咦？
今天的营业时间即将结束……

要闭园了，
紧张

我们回去吧。
握紧

咕噜噜噜……

我会努力锻炼的！

嗯？
什么？

如果我强壮到能抬起阿胜的角，

到那时候……

我们再来这里
玩好不好？
撞
撞

偷瞄

好！

档案 10 

恐龙老师的恐龙实验室研究日记
白垩纪后期的战国画卷

在白垩纪后期，海平面比现在要高得多，现今的北美大陆当时被海水分成了东西两部分。当时沿落基山脉，从阿拉斯加到墨西哥一带的细长陆地叫做拉腊米迪亚大陆。拉腊米迪亚河流汇入的东岸有着几条大河，河最终流向将北美一分为二的内海，河的存在使一些当时生活在陆地上的动物化石留存在了地层中。现在这片干燥的土地被称作“北美大草原”，作为挖掘恐龙化石的风水宝地而举世闻名。

白垩纪最后的1500万年间，动物们的栖息地，特别是角龙科、鸭嘴龙科等植食性恐龙的栖息地自拉腊米迪亚从北到南分散。之后每过数百万年，拉腊米迪亚各地栖息的物种都会不停交迭……就像是群雄争霸的战国时代一般。有趣的是，很少有在同一时代同一土地上栖息的物种亲缘关系是相近的。

北方的加拿大阿尔伯塔省南部附近，约8000万年前到1000万年前，角龙科尖角龙亚科的领主不停更迭，依次有异形角龙、亚伯达角龙、棘面龙、冠饰角龙、尖角龙、戟龙、厚鼻龙。在6600万年前，尖角龙亚科退场时，三角龙登场了。

我想了解恐龙活着的时候是何种模样，因此对我来说全身骨骼完整连接的恐龙化石有着特别的价值。我在纽约的美国自然史博物馆就有幸见到了这样的一件尖角龙右半身的骨骼标本。但是，博物馆为了标本展览时的美观，调整了化石手肘前端以及膝盖前端的骨骼的位置，这样一来展出时的标本姿势与它原本的姿势便有了差异，这真是太可惜了。另外还有后半身的恐龙化石，可以想象它平躺着露出腹部的模样。这里真适合喜欢尖角龙的人来朝圣呢。

尖角龙化石标本中从幼龙到成龙应有尽有。它们鼻子上的尖角在幼年时代还是朝上朝后弯曲的，成年后似乎就朝前弯曲了。被发现的化石特别多，这大大方便了学者研究它们的角随着年龄增长形状是如何发生改变的。本话中登场的肿头龙、霸王龙、鹦鹉嘴龙、三角龙等等，都是学者们进行此类研究的关注对象。

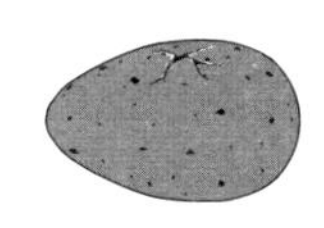
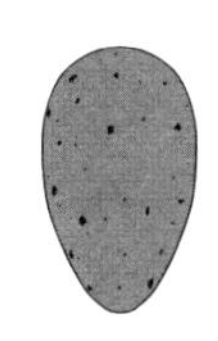

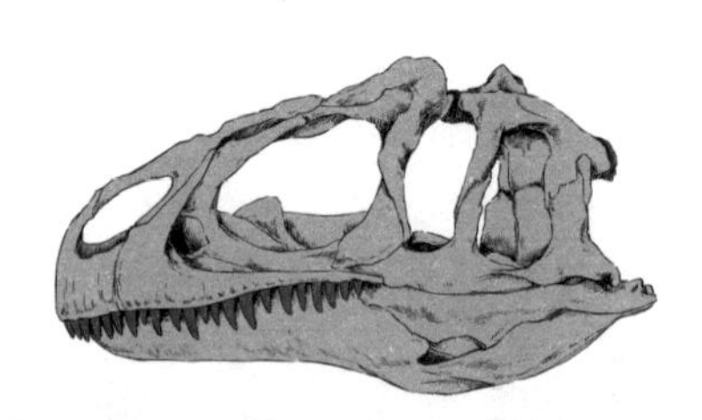

DINOSAURS SANCTUARY
恐龙庇护所

哔哔哔……

唯当
唯当

啾啾啾……
近期活动介绍
霸王龙
花子的生日会
大家都要来哦！
2021年9月26日（周日）
1. 开场发言
2. 花子介绍
3. 献上生日蛋糕
4. 总结发言
姓名：花子
生日：1985年9月26日
年龄：35岁
出生地：新西兰
性格：温顺老实
喜欢的食物：鸭嘴龙里脊肉

第11话 花子的生日

报 纸

1990年(平成2年)10月4日星期四

“暴君龙”登上江之岛!

交涉长达三年，当地居民们的梦想最终实现!

朝气蓬勃的花子

在新西兰备受欢迎的花子

本月三日，新西兰政府赠送的雌性霸王龙花子抵达藤泽市江之岛。

人们将霸王龙视作暴君般的存在，总是心存敬畏。五岁的霸王龙体型便已和成年人类男性无差，近看更是魄力十足。来到现场观看搬运的孩子们从始至终都兴奋不已，大声称赞霸王龙“好帅”！

原本在日本很难见到霸王龙，但有很多居民都对霸王龙有着浓厚的兴趣，想要亲眼观赏。与新西兰政府交涉三年后，花子踏上了日本的土地。据饲养负责人所说，花子抵达当日食欲非常好，将饲养员们为它准备的五斤牛肉吃得精光。看起来身体状态不错。

花子将在为它专门设置的恐龙舍中休

恐爪龙

四日驶向横
多罗波号上有
来自美国的恐
它们就是恐爪
我们会像养育
饲养员说道。
在横滨港待一
这之后会将它
名古屋恐龙园

下周周末，
就是花子的生日会了，

希望今年能多来点人。
去年没什么人呢。
居然没多少人？

因为花子年纪大了，每天都不怎么动弹。
一动不动的霸王龙不怎么受欢迎吧。
这样啊……

小雀负责主持对吧？
是的！我现在就开始紧张了。
我很期待哦！

我会加油的！
握拳
开门！
到时间了，走吧！

警告

花子，我们进来了哦！
知了——
知了——

好，你先去把饲养场的门打开。
好！

花子最近食欲下降了，
移动……

而且一直懒得出门。
轰轰轰

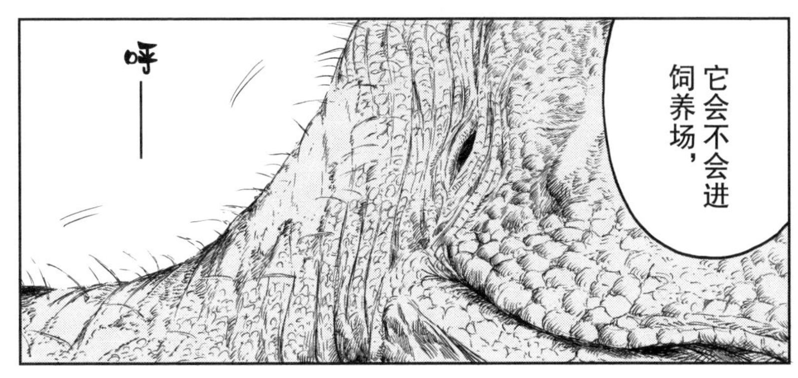
它会不会进饲养场，
呼——

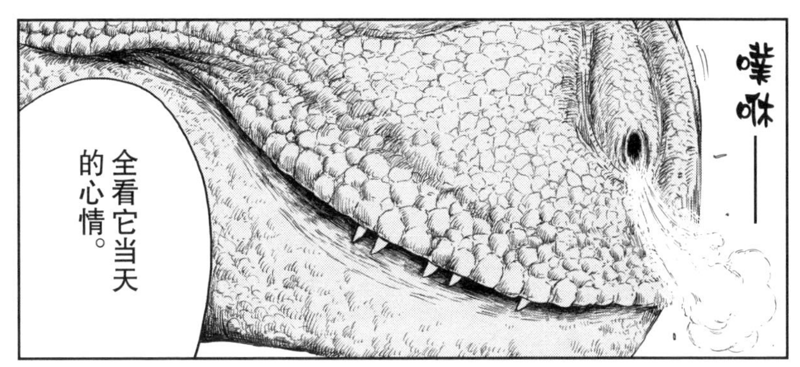
噗咻——
全看它当天的心情。

呼——
噗咻——
霸王龙
（兽脚类）
全长 11—13 米 体重 6—9 吨

不知道今天
怎么样呢？

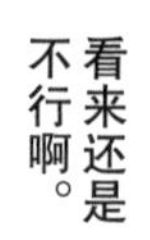

放下……

花子身体不适，今日休息。

抱歉啊，花子今天没什么精神呢。
上次也是这样！
我不要！我要看它！
是呀，我知道你想看啦，
但是今天不行呀。
……
我要看！我要看！
靠近
别闹了！别给大姐姐添麻烦！

不过，
下周日是花子的生日哦，
那天它一定会出来的！
花子身体不适，今日休息。
真的吗？

嗯！我跟你拉钩！

大姐姐，再见！

好期待呀！

爸爸，我看不见！
等等哦。

这样能看见了吧？
啊，看见了！

好棒！

花子！

很遗憾，不能让花子每天都露面。
但是，

花子现在还好好地活着，
它喜欢又软又蓬松的感觉，多铺点这样的干草吧。
这样我就已经满足了。

我们还要去准备生日会。
喂饲料什么的速战速决吧。
好！

知了——
知了——

小雀，你来了！
上前……
胡桃！
远古的恩赐
你们关系真好啊。
我们是老乡！
对！
远古的恩赐
红杉叶
远古的恩赐
红杉叶

我们进入正题吧，关于蛋糕有没有想到什么好点子？
好！
花子不擅长啃骨头对吧？
远古的恩赐
红杉叶
远古的

嗯，不知道是什么原因。
也可能是因为上年纪了。
本该是喜欢生吞骨头的动物。

那我们就把牛肉和马肉堆起来，
肉要选没什么脂肪的瘦肉。
周围再摆一圈火鸡装饰一下，火鸡里塞鱼粉进去。

* 鸭嘴龙里脊肉：鸭嘴龙科恐龙的肉

更换食物的话需要提前让不知火确认。

不过，对于园里的恐龙来说，
吃饭不仅仅是为了摄入营养，也是消解压力、增添娱乐的环节。

从这点来看，既能充实花子的精神世界、又能增进它的食欲，确实是个好主意。
毕竟是一年一度的生日。

小雀的主意真棒！
你真是太为花子着想了！

谢谢您的夸奖。
不过蛋糕的形状就只是我的个人喜好啦。

不，确实可以做得精致点，这样花子吃起来的时候，反倒会更加有魄力吧！

嗯！我赞成！

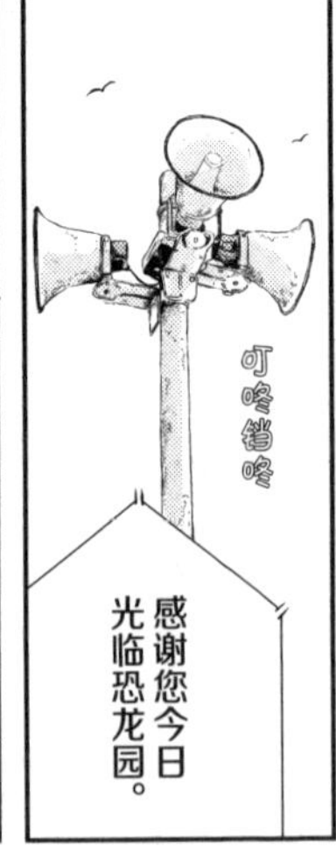
叮咚铛咚
感谢您今日光临恐龙园。

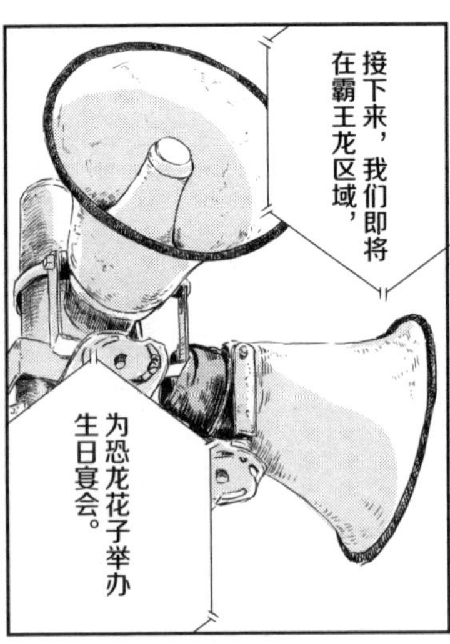
接下来，我们即将在霸王龙区域，
为恐龙花子举办生日宴会。

欢迎感兴趣的朋友前来参加。
啊！

花子 36 岁 祝你生日快乐！
距今三十六年前，

1985 年 9 月 26 日，在新西兰的一所国立公园里，花子出生了。
花子出生的地方
花子出生后不久，它的父母就去世了。
因为无法融入集体的缘故，

之后的四年，花子是在保护机构度过的。

五岁时，花子来到了恐龙园。

自然界的霸王龙就算再长寿，其寿命也顶多只有二十八年左右。
但人工饲养的霸王龙寿命会更长。

花子今年就已经三十六岁了！
兴奋
兴奋

今天我们为它准备了用肉做成的生日蛋糕！

请大家看那边！
伸

嗡嗡嗡……

园内的恐龙与野生恐龙相比，严重缺乏运动量。
停住
因此我们会尽量喂它们一些脂肪含量较少的肉。
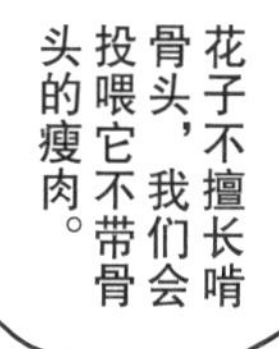
花子不擅长啃骨头，我们会投喂它不带骨头的瘦肉。

但是只吃这些身体会缺乏维生素和钙质，
所以我们会添加火鸡和鱼粉。

如果一直只吃些柔软的食物，牙齿就不容易被磨损，
但也因此会长得过长，或是长歪。
为此我们还为它准备了磨牙专用的木头。

像这样在有限的空间中成长起来的恐龙，
我们不能只按照野生恐龙的食谱喂养。

还得按照它们的年龄、性别、体型做调整。
我们饲养员的工作就是探索最佳饲养方案。

好，我的解说就到这里。
接下来，今天的主人公要登场了！

声音太大的话会给花子带来压力，
大家尽量不要发出声音，静静地看就好了哦！
那么，有请！

花子！

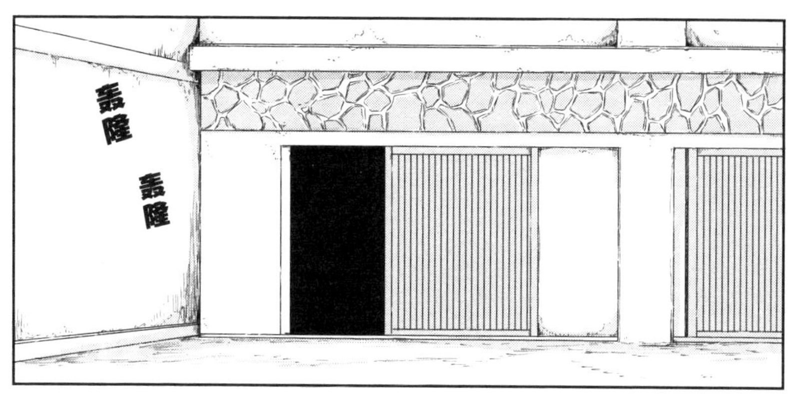
轰隆
轰隆

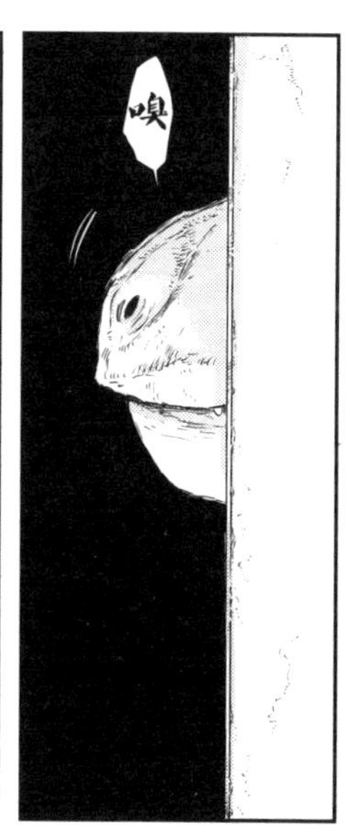
嗅

紧张 紧张

探头

※现身
哇哦！
松了口气

我本来还担心它今天不肯出来呢！
看来是注意到了，今天有它最爱吃的鸭嘴龙肉哦！

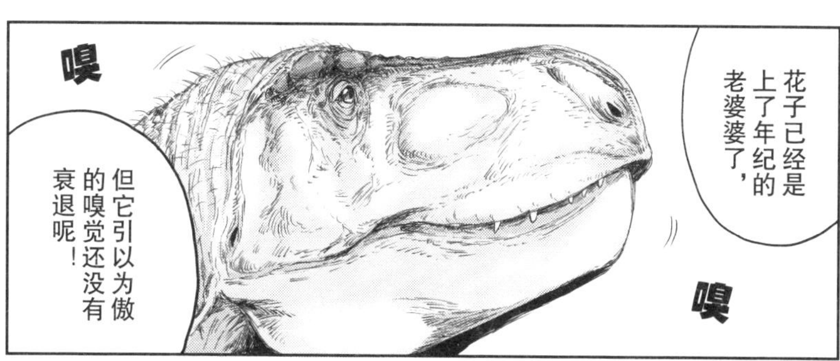
花子已经是上了年纪的老婆婆了，
嗅
嗅
但它引以为傲的嗅觉还没有衰退呢！

看

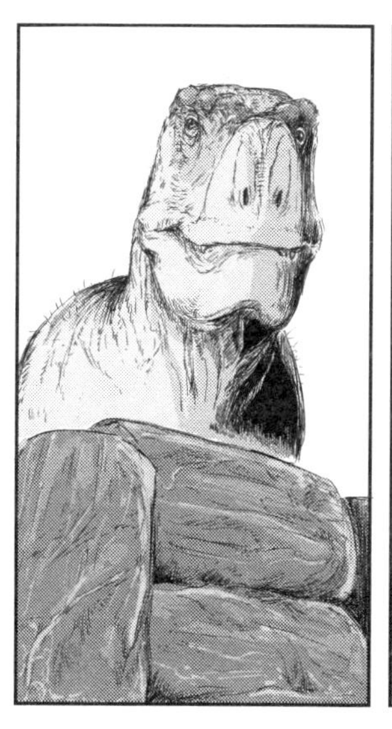

它正在调动下颌上丰富的神经，
仔细确认食物的气味呢。
碰
碰

花子究竟会不会喜欢我们为它准备的蛋糕呢？

咬

ガ
※吞
ッ

来吧，大家一起，
在心中默默地祝福花子吧！
来，我数一、二！

花子，
祝你生日快乐！

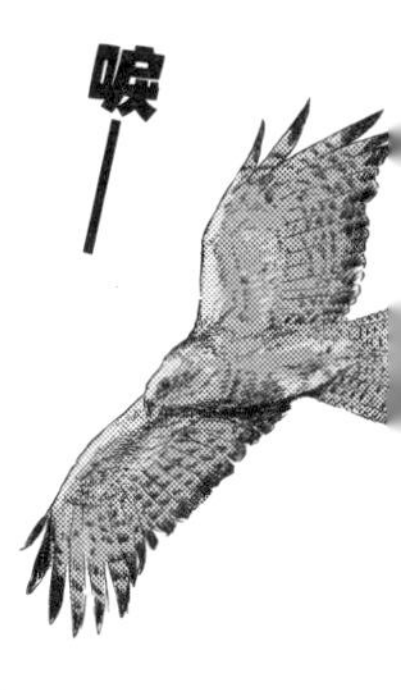
唳——

然后啊，花子它就这样，
嗷呜！一大口……
不好意思，他真的玩得很开心……
没事没事，真是太好了！

大姐姐！

我明年也一定会来的！

嗯！

知了
我等你！
知了

嘟嘟嘟……
嘟
嘎吱

唰
唰

叭叭叭叭……

砰

拉

自须磨入职已经有三个多月了。
哇——好冷……
小步……

在兽脚类班里，她顺利通过了试用期考核。
会议室

在决定她最终所属部门之前，从明天开始，

会先让她随机在各个班里轮着干一遍。

各班班长都在这里了，就拜托各位了。

加藤晴江
鸟脚类恐龙
负责人

五十岚圭佑
剑龙、肿头龙
负责人

真壁和也
蛇颈龙、兽脚类恐龙（部分）
负责人

雾岛花梨
角龙
负责人

林风月
翼龙
负责人

片濑正吾
甲龙、兽脚类恐龙（部分）
负责人

风间龙司
特殊恐龙
负责人

星野胡桃
蜥脚类恐龙
负责人

恐龙庇护所② 完

档案 11

恐龙老师的恐龙实验室研究日记
霸王龙钟爱的美味肉类，第一名是？

在漫画中，饲养员们给美食家霸王龙“花子”准备的礼物是鸭嘴龙里脊肉，大家知道里脊肉是哪个部位的肉吗？

粗略说来，一节脊椎骨的形状就像是圆筒上插着一个十字。十字上方的突起叫做“神经棘”，往左右延伸的突起叫做“横突”，十字和圆筒之间有着许许多多的神经。脊椎骨一节节首尾相连，构成了脊柱。夹在神经棘与横突之间的肌肉便是外脊肉。位于腰附近的、圆筒与横突之间的肉叫做里脊肉。另外，我们可以在将十字部分的脊椎骨从中间切断制成“T骨牛排”，就能同时品尝到两种部位的肉。

牛和猪的尾巴都很短，所以我们并不以尾部脊柱部分的里外来区分它们精肉的名称。不过鸭嘴龙科恐龙尾部的断面较宽，从肉的分量上看来，口感似乎十分不错。虽然这部分肉带筋、肉的表面有骨化的腱留下的纹路，但它富含钙与胶原蛋白。精肉的话，尾椎骨上侧的肉可以叫做“尾部外脊（西冷）”，下侧的肉可以叫做“尾部里脊（菲力）”吧。

与霸王龙同时代、同地域的鸭嘴龙科恐龙是埃德蒙顿龙。在已知的埃德蒙顿龙化石中，甚至还有带着咬痕的化石，这只埃德蒙顿龙生前应该被霸王龙袭击了吧。而这一部位正是“尾部里脊”。

霸王龙是约 6600 万年前栖息在北美洲西部、美国与加拿大国境周边的恐龙。现今这块地域已是内陆的沙漠，天气冷热温差剧烈、冬天极其寒冷。但在当时，北美大草原还在海平面之下，这片区域是一片沿海的美丽平原，气候温和湿润。这片土地当时都生长着些什么植物呢？科学家们花了许多工夫去研究这个问题。从这一地区这一时代的植物群来看，当时的年平均气温大约在 12 摄氏度左右，冬夏的平均气温分别在 6 摄氏度与 19 摄氏度左右。

我不禁开始想象，霸王龙、霸王龙的老乡三角龙、埃德蒙顿龙……它们若是苏醒于现代，又会栖息于何处呢？现在的美国与加拿大国境周边，生存环境似乎非常严苛。植食动物栖息地的选择似乎也与它们喜欢的食物有关，但光看气候的话，新西兰或者塔斯马尼亚应该是最佳候选吧！

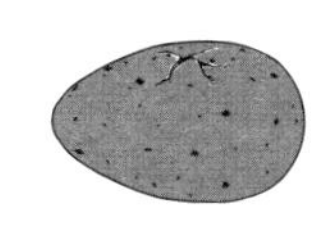
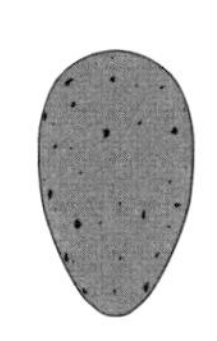

后记

特别鸣谢

- 责编TM氏
- 藤原老师
- Comicbanch 编辑部
  营业部、宣传部的各位
- 设计师竹内老师
- 写了腰封寄语的真锅老师
- 全国的书店、
  贩卖本漫画的店铺
- 妻子、家人、朋友
- 其他参与本漫画制作的人

第2卷终于发售了！

我作为一名读者，每次看这部漫画都会欢欣雀跃。

虽然我比不上木下老师，但每回也通过小专栏尽可能地将恐龙的魅力以及科学中的乐趣传达给大家。

然后……顺便暗中宣传我最喜欢的恐龙！

藤原慎一

大家好久不见，我是作者木下。

第二卷成功上市了，真是可喜可贺。

感谢您的购买！

第一卷发售后，获得的反响超出了我的预期，这让我非常开心，也给了我创作下去的动力！

读者们的反馈是最好的力量之源！

本系列今年也会在海外发售！我很兴奋，恐龙的世界将会越来越广阔！

感谢您一直以来的支持。

鞠躬

45度

希望您今后也一直支持恐龙庇护所！

番外篇 草莓的日常

数日前，我们整修了栏杆上生锈的部分。
嘎
嘎
但自那之后，就算到了傍晚该回屋的时间，
今天也僵持了一小时了……
神经过敏的草莓还是非常戒备，
转
怎样都不愿意进入卧室。
转

求你了，草莓。
你已经饿得不行了吧？
抓

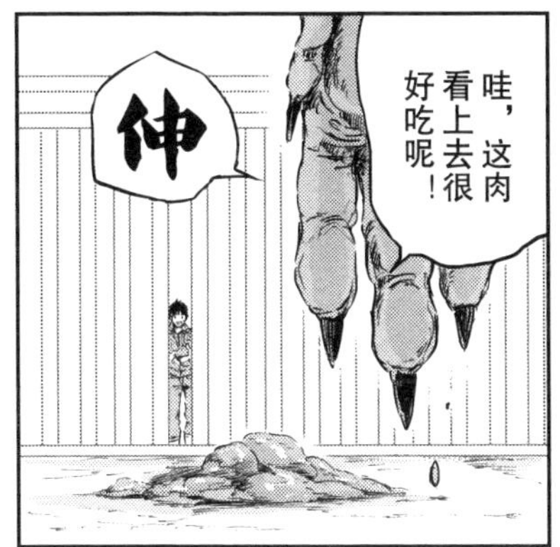
哇，这肉看上去很好吃呢！
伸

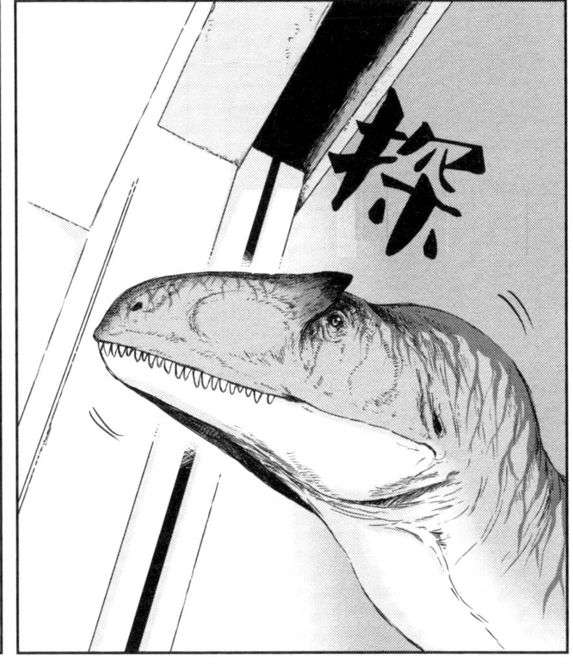
探

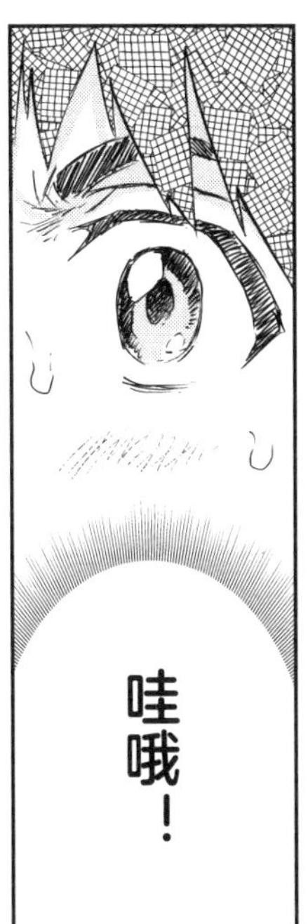
哇哦！

振翅
嘎!
惊!
啊!

失——望
……

草莓！

真是的，搞不懂它在想什么。
明天见。
晚安，草莓。
哈欠

小雀平安度过了试用期！

注目……

那个……

不用紧张，想说什么说就是了！

好！

这个嘛……

我想让客人们……

像追星一样，都能找到自己最钟爱的恐龙！

追星……

恐龙？

小雀正式成为了恐龙乐园的一员，她要动真格了！

恐龙庇护所 第3卷 火热筹备中！

DINOSAURS SANCTUARY HUORE CHOUBEIZHONG

图书在版编目（CIP）数据

恐龙庇护所 /（日）木下到著 ; 马大起译. -- 石家庄 : 河北科学技术出版社, 2023.6
ISBN 978-7-5717-1563-2

Ⅰ. ①恐… Ⅱ. ①木… ②马… Ⅲ. ①恐龙—儿童读物 Ⅳ. ①Q915.864-49

中国国家版本馆 CIP 数据核字（2023）第 113997 号

DINOSAN vol.1, 2
by Itaru Kinoshita/Shin-ichi Fujiwara(supervision)

版权登记号：图进字 03-2023-055

书　　名：恐龙庇护所 2
KONGLONG BIHUSUO 2

[日]木下到 著　[日]藤原慎一 监修　马大起 译

总 策 划： 闫　华　　**责任编辑：** 李　虎
特约编辑： 徐　洁　乌力亚苏　　**责任校对：** 徐艳硕
装帧设计： 朱建玲　　**美术编辑：** 张　帆
出　　版： 河北科学技术出版社
地　　址： 石家庄市友谊北大街 330 号（邮政编码：050061）
印　　刷： 上海盛通时代印刷有限公司
开　　本： 128mm × 182mm　1/32
印　　张： 12
字　　数： 120 千字
版　　次： 2023 年 7 月第 1 版
印　　次： 2023 年 7 月第 1 次印刷
定　　价： 58.00 元（共 2 册）
